Juan Luis Caro Becerra
Pedro Alonso Mayoral Ruiz
Ramiro Lujan Gódinez

Hidráulica Aplicada a la Ingeniería Civil

Juan Luis Caro Becerra
Pedro Alonso Mayoral Ruiz
Ramiro Lujan Gódinez

Hidráulica Aplicada a la Ingeniería Civil

Apuntes de los principios básicos de la hidráulica

PUBLICIA

Imprint
Any brand names and product names mentioned in this book are subject to trademark, brand or patent protection and are trademarks or registered trademarks of their respective holders. The use of brand names, product names, common names, trade names, product descriptions etc. even without a particular marking in this work is in no way to be construed to mean that such names may be regarded as unrestricted in respect of trademark and brand protection legislation and could thus be used by anyone.

Cover image: www.ingimage.com

Publisher:
PUBLICIA
is a trademark of
International Book Market Service Ltd., member of OmniScriptum Publishing Group
17 Meldrum Street, Beau Bassin 71504, Mauritius

Printed at: see last page
ISBN: 978-620-2-43140-8

Hidráulica aplicada a la Ingeniería Civil

Autor:

M. en C. Juan Luis Caro Becerra

Coautores:

Dr. Ramiro Lujan Godínez

M. en C. Pedro Alonso Mayoral Ruiz

Prologo

La Mecánica de Fluidos y la Hidráulica son ciencias llenas de desafíos, especialmente en estos tiempos en que se comienza a avizorar el fin de una economía basada en los combustibles fósiles. Cuando se comenzaron a usar ruedas hidráulicas en Europa alrededor del siglo XII se inició un proceso que produciría un cambio fundamental en la historia humana. La capacidad de aplicar potencias grandes de origen hidráulico a molinos de harina abarató el alimento, produjo un gran aumento de población y generó riqueza que permitió a Europa desarrollarse dejando atrás el mundo mediterráneo, es decir, clásico. Si no se hubiera contado con la rueda hidráulica, no hubiera sido posible la aparición del vapor, y la revolución industrial nunca se hubiera producido. El mundo sería muy distinto a como hoy lo conocemos.

Este libro no es un simple texto de Mecánica de Fluidos, sino un texto para aprender a usar la Mecánica de Fluidos y la Hidráulica. Se puede usar como texto para aprender estas ciencias o como manual de referencia para afrontar problemas de Ingeniería que están relacionados con la Mecánica de Fluidos y la Hidráulica. Ambas ciencias tienen relación con casi todos los problemas de Ingeniería (y también de algunas otras profesiones) en menor o mayor medida. Por ejemplo, no existe ciudad que no tenga sistemas de abastecimiento de agua potable y de eliminación de residuos líquidos. El funcionamiento de estos sistemas no se puede entender sin conocer los principios básicos de la Mecánica de Fluidos y de la Hidráulica.

Asimismo el libro Hidráulica aplicada a la Ingeniería Civil, aprenderemos a usar la Mecánica de los Fluidos y la Hidráulica. Tiene todos los fundamentos teóricos necesarios, y además le ira guiando en la compresión del análisis necesario para aprender el funcionamiento de los sistemas hidráulicos y como aprender a aplicar la teoría a la práctica.

Requiere de conocimientos previos de matemáticas como funciones de dos o más variables, integrales y derivadas parciales, pero estas solo se usan para deducciones, y si se aceptan como ciertas las conclusiones de estas deducciones. Ud. se puede olvidar de las deducciones y de las matemáticas para usar directamente las conclusiones.

No hace falta conocimientos mucho más avanzados que estos, excepto los más elementales de matemáticas, como derivadas e integrales simples, pero incluso estos recursos no son imprescindibles si Ud. no está interesado en las deducciones, ya que las puede ignorar por completo para pasar directamente a las conclusiones y aplicaciones inmediatas.

Una ciencia (cualquier ciencia) se puede hacer más o menos complicada. La mayoría de los textos sobre temas técnicos especializados se escriben de tal manera que resultan complicados. En cambio, este manual de Hidráulica, se ha escrito pensando en cómo hacer más fácil y amena la comprensión de los temas tratados, para evitar complicaciones inútiles.

CONTENIDO

Capítulo I

Propiedades Físicas de los Fluidos

Introducción: en esta unidad estudiaremos las propiedades físicas más importantes, especialmente de los líquidos.

Estados de la materia:

Es común decir que la materia se presenta en tres estados:

Estados de la materia	Características más evidentes
Sólido	• Forma definida y "permanente" • Volumen constante • Presentan cierta resistencia a diversos esfuerzos
Líquido	• Forma indefinida, toman la del recipiente que los contiene y presentan superficies libres • Volumen constante • Resisten presiones (esfuerzos normales de compresión) • Los esfuerzos tangenciales (también llamados cortantes) los deforman continuamente, los hacen escurrir o fluir
Gaseoso	• Forma indefinida • Volumen variable, depende de la presión, en recipientes cerrado se expanden hasta ocupar todo el volumen del recipiente • Los aumentos de presión les disminuyen el volumen • Los esfuerzos tangenciales los deforman continuamente, los hacen fluir

A los líquidos y gases se les llama fluidos

Fluidos

Son aquellos materiales que pueden "fluir" es decir, escurrir. Esto significa que se pueden deformar de manera continua en presencia de esfuerzos cortantes.

Flujo: escurrimiento, acción de fluir, movimiento de los líquidos.

Concepto de esfuerzo.
Definiremos a un esfuerzo como el cociente de la fuerza que actúa en un área, entre dicha área

$$\text{Esfuerzo} = \frac{fuerza}{área} \qquad \sigma = P = \frac{F}{A} \qquad 1.1$$

Por la forma de aplicación como el cociente de la fuerza existen distintos tipos de esfuerzos:

Esfuerzos normales de tensión o tensiones: las fuerzas son perpendiculares al área sobre la que actúan y tienden a alargar a los cuerpos en el sentido de aplicación de las fuerzas

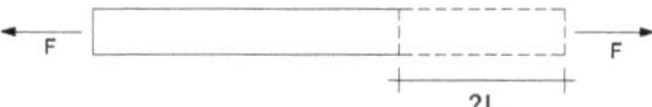

Esfuerzos normales de compresión o presiones: las fuerzas son perpendiculares a las áreas en que están aplicadas y tienden a disminuir la dimensión geométrica del cuerpo en el sentido de aplicación de las fuerzas.

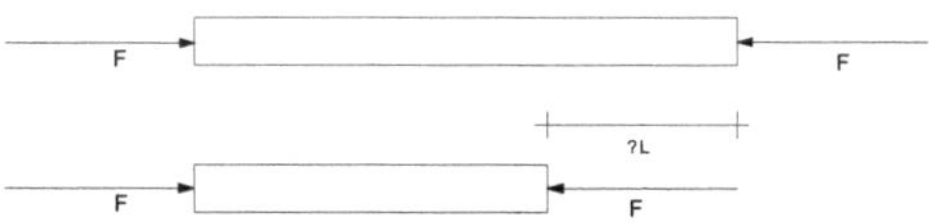

Esfuerzos tangenciales o cortantes: las fuerzas son tangenciales a las superficies que las soportan y tiendena cizallar o cortar a los cuerpos tangencialmente a esas superficies.

Los esfuerzos en los fluidos:

- Los esfuerzos de tensión prácticamente no existen en los fluidos.

- Los esfuerzos normales de compresión son los únicos que existen cuando los fluidos están en reposo.

- Los esfuerzos tangenciales o cortantes son los que ocasionan que un fluido escurra o fluya, es decir, producen una deformación continua sin que sea necesario un aumento de la magnitud del esfuerzo, lo cual es una diferencia con el comportamiento de los sólidos elásticos, como se explica en la siguiente figura.

Deformación elástica. Para aumentar la deformación de un resorte se necesita aumentar la fuerza y por lo tanto el esfuerzo.

Deformación de fluencia o flujo. En los fluidosla deformación aumenta con el tiempo sin aumentar la fuerza ni el esfuerzo.

Propiedades de los fluidos. Una clasificación

Relacionadas con la masa y la gravedad:	• Peso especifico • Densidad • Densidad relativa
Relacionadas con la resistencia y la gravedad	• Viscosidad • Viscosidad cinemática
Relacionadas con la resistencia ante los esfuerzos de compresión	• Elasticidad • Compresibilidad
Fuerzas a nivel molecular	• Cohesión • Adhesión
Comportamiento en interfases y tubos capilares	• Tensión superficial • Capilaridad
Relacionadas con la presión, la temperatura y el cambio de estado: de líquido a gas.	• Evaporación • Ebullición • Presión de vapor • Cavitación

La temperatura no es propiedad de los fluidos sino una variable del medio ambiente que modifica casi todas las propiedades, por lo que se incluye un apartado para conocer y/o recordar las diversas escalas.

1.1 Peso específico γ (gama)

Al comparar dos cuerpos de volúmenes iguales pero materiales diferentes, por ejemplo acero y madera, nos percatamos de la diferencia en peso.

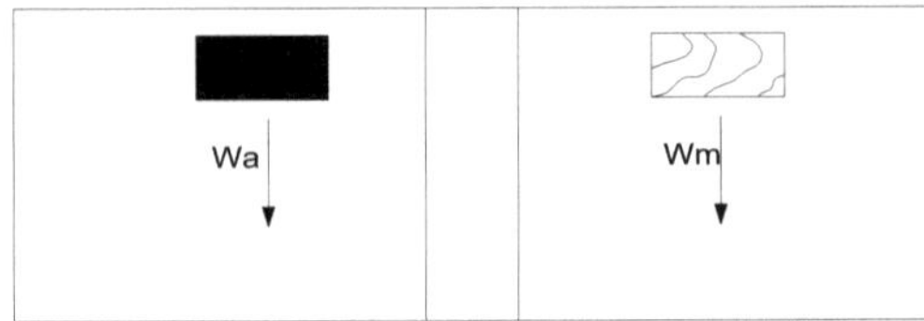

Cuando decimos que el acero es más pesado que la madera, implícitamente estamos refiriéndonos a volúmenes iguales.

También podemos tener dos cuerpos con el mismo peso siendo de materiales diferentes, plomo y la tierra, por ejemplo, pero ocuparan volúmenes diferentes.

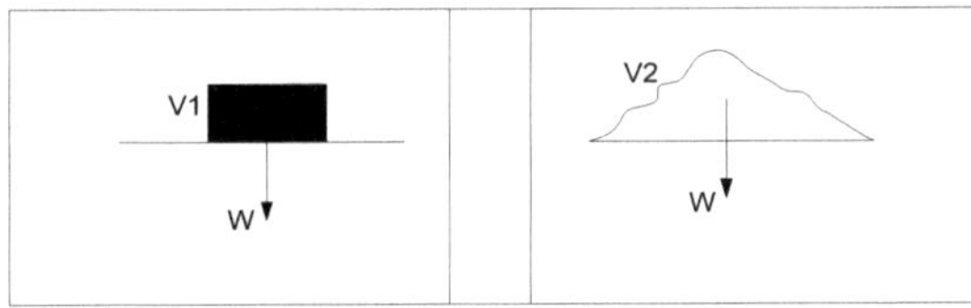

Lo anterior nos lleva a la necesidad de desarrollar un nuevo concepto físico que resulta más significativo:

El peso específico de un cuerpo se define como la relación del peso de un cuerpo entre el volumen que ocupa, si en lugar de un cuerpo en particular nos referimos a un ***material, el peso específico se define como el peso por unidad de volumen.***

$$Peso\ específico = \frac{Peso}{Volumen}$$

En signos

$$\gamma = \frac{W}{V} \qquad 1.2$$

Otros nombres son: peso volumétrico, densidad ponderal y densidad en peso

Sus dimensiones son fuerza entre volumen:

$$[\gamma] = \left(\frac{W}{V}\right) = \frac{F}{L^3} = FL^{-3}$$ en el técnico

$$[\gamma] = \left(\frac{W}{V}\right) = \frac{MLT^{-2}}{L^3} = ML^{-2}T^{-2}$$ en el absoluto

Sus unidades son unidades de fuerza entre unidades de volumen:

En el sistema internacional $[\gamma] = \left(\frac{W}{V}\right) = \frac{N}{m^3}$

En el sistema MKS técnico $[\gamma] = \left(\frac{W}{V}\right) = \frac{kg}{m^3}$

En el sistema ingles técnico $[\gamma] = \left(\frac{W}{V}\right) = \frac{lb}{ft^3}$

Debido a que los cuerpos se dilatan (aumentan su volumen con el aumento de la temperatura), el peso específico disminuye al aumentar la temperatura; sin embargo esta variación es pequeña, y dado el carácter aproximado de la mayoría de los cálculos de ingeniería muchas veces no se toma en cuenta, considerándose el valor más alto para estar del lado de la seguridad.

1.2 Densidad ρ (ró)

Por consideraciones similares a las del peso específico, también se desarrolla el concepto de densidad, masa específica, densidad absoluta, masa volumétrica o densidad en masa.

La densidad es la relación o cociente de la masa de un cuerpo entre su volumen. Si nos referimos a un ***material, la densidad es la masa contenida en la unidad de volumen.***

$$\rho = \frac{Masa}{Volumen}$$

En literales

$$\rho = \frac{m}{V} \qquad 1.3$$

Sus dimensiones son masa entre volumen:

$$[\rho] = \left(\frac{m}{V}\right) = \frac{FT^2L^{-1}}{L^3} = FL^2T^{-4} \qquad \text{en el técnico}$$

$$[\rho] = \left(\frac{m}{V}\right) = \frac{M}{L^3} = ML^{-3} \qquad \text{en el absoluto}$$

Sus unidades son unidades de masa entre unidades de volumen:

En el sistema internacional $[\rho] = \left(\frac{m}{V}\right) = \frac{kg}{m^3}$

En el sistema MKS técnico $[\rho] = \left(\frac{m}{V}\right) = \frac{UTM}{m^3} = \frac{kg*s^2/m}{m^3} = \frac{kg*s^2}{m^4}$

En el sistema ingles técnico $[\gamma] = \left(\frac{W}{V}\right) = \frac{lb}{ft^3} = \frac{lb*s\ /ft}{ft^3} = \frac{lb*s}{ft^4}$

El aumento de temperatura produce una disminución de la densidad debido a la dilatación de los cuerpos

Relación entre peso específico y densidad

De la segunda Ley de Newton proviene la conocida relación entre peso y masa:

$$W = m * g \qquad 1.4$$

Dividiendo ambos miembros de la ecuación entre volumen

$$\frac{W}{V} = \frac{m}{V} g$$

Obtenemos

$$\gamma = \rho g \qquad 1.5$$

"El peso especifico es igual a la masa especifica por la gravedad"

1.3Densidad relativa Dr o δ

En muchas ocasiones el peso especifico de un material se compara con el del agua: "la madera es más ligera que el agua y por eso no flota", el mármol pesa 2.6 veces lo que pesa el agua", etc. Pero realmente no hablamos de peso, sino de una comparación del peso específico (o la densidad) de un material en relación con el peso específico (o la densidad) del agua:

Densidad relativa de un material es el cociente del peso especifico del material entre el peso especifico del agua

$$Drm = \frac{\textit{Peso específico del material}}{\textit{Peso específico del agua}}$$

En literales:

$$Drm = \left(\frac{\gamma m}{\gamma a}\right) \qquad 1.6$$

Si dividimos el numerador y el denominador entre la aceleración de la gravedad, el cociente no se altera

$$Drm = \frac{\gamma m/g}{\gamma a/g}$$

y queda

$$Drm = \left(\frac{\rho m}{\rho a}\right) \qquad 1.7$$

Es decir: ***la densidad relativa de un material también es el cociente de la densidad del material entre la densidad del agua.***

Si dividimos el numerador y el denominador de la ecn. 1.6 entre el volumen de un cuerpo, el cociente no se altera y obtenemos una expresión para calcular la densidad relativa de un cuerpo.

$$Drc = \frac{\left(\frac{\gamma c}{Vc}\right)}{\left(\frac{\gamma a}{Vc}\right)} = \left(\frac{Wc}{Wva}\right) \qquad 1.8$$

Es decir:

$$[Densidad\ relativa\ de\ un\ cuerpo] = \left(\frac{Peso\ del\ cuerpo}{Peso\ de\ igual\ volumen\ de\ agua}\right)$$

Como podemos ver la densidad relativa es un número sin unidades, que significa el número de veces que un material es más (o menos) pesado que el agua, y tiene la ventaja de conservar su valor en cualquier sistema de unidades. Al final de esta unidad se encuentran algunas tablas con las con las propiedades de algunos materiales comunes.

Problemas tipo: A partir de sus definiciones es claro que existen relaciones entre los tres conceptos de peso específico, densidad y densidad relativa, muchos problemas típicos consisten en encontrar los valores de dos conceptos faltantes a partir del tercer concepto conocido.

Ejemplo 1.1 El peso específico del agua es de 1 kg/lt, encontrar el valor del peso específico, la densidad y la densidad relativa en el MKS técnico, en el MKS absoluto y en el inglés técnico.

R. El dato γ = 1 kg/lt está expresado en una unidad técnica, ya que el kg es fuerza y el litro, que es iguala un decímetro cúbico, es un submúltiplo del metro cúbico, de manera que 1000 lt = 1 m^3. Por lo tanto la obtención del peso específico en el MKS técnico solo requiere una conversión de unidades:

$$[\gamma] = \left(\frac{1\ kg}{lt}\right) = \frac{1\ kg}{lt}\left(\frac{1000\ lt}{1\ m^3}\right) = 1000\frac{kg}{m^3}$$

De la ecn. γ = ρ * g despejamos

$$[\rho] = \left(\frac{\gamma}{g}\right) = \left(\frac{1000\,\frac{kg}{m^3}}{9.81\,m/seg^2}\right) = 101.93\ \frac{kg * seg^2}{m * m^3} = 101.93\frac{UTM}{m^3}$$

De la definición de densidad relativa (ecns. 1.6 y 1.7):

$$Drm = \frac{\gamma m}{\gamma a} \text{ o } Drm = \frac{\rho m}{\rho a},$$

es claroque la densidad relativa del agua es 1 en todos los sistemas.

En el MKS absoluto los kg son masa[1], por lo que el valor

$1000\frac{kg}{m^3} = \rho$ es la densidad

El peso específico se calcula por γ = ρg

$$\gamma = \rho g = 1000\frac{kg}{m^3}(9.81\,m/seg^2) = 9810\,\frac{N}{m^3}$$

Para el inglés técnico, nos apoyamos en los datos del MKS técnico:

$$\gamma = 1000\frac{kg}{m^3}\left(\frac{1lb}{0.454\,kg}\right)\left(\frac{0.3048\,m}{1\,ft}\right)^3 = 62.37\ \frac{lb}{ft^3}$$

$$\rho = \frac{\gamma}{g} = \frac{62.37\frac{lb}{ft^3}}{32.2\ \frac{ft}{s^2}} = 1.937\ \frac{lb * s^2}{ft * ft^3} = 1.937\ \frac{slugs}{ft^3}$$

[1] Esto es lo que llamamos "el salto", que permite pasar de los kg fuerza en el MKS técnico a los kg masa en el MKS absoluto. Es decir conservamos el valor de la unidad pero cambiamos de concepto (de fuerza a masa) al pasar de un sistema a otro. También se puede hacer en el sentido inverso.

Ejemplo 1.2 La densidad relativa del concreto es de 2.4, calcular el peso de una viga T de 12m de longitud cuya sección tiene los siguientes datos mostrados. Resolverlo en el sistema MKS absoluto.

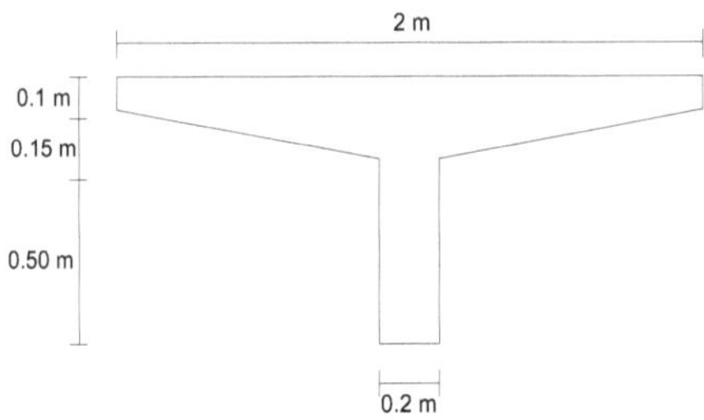

Despejando la ecn. 1.6

$\gamma = Dr\gamma_{ag} = 2.4\ (9810)\ \frac{N}{m^3} = 23544\ \frac{N}{m^3}$

Área de la sección transversal

$A = 2A_1 + A_2 = \{2(0.25 + 0.10)0.9/2\} + 0.75\ (0.2) = 0.465\ m^2$

$V = AL = (0.465) * (12) = 5.58\ m^3$

$W = \gamma V = 23544\ \frac{N}{m^3}(5.58\ m^3) = 131375\ N$

Ejercicio 1.1 Un barril de petróleo crudo tiene 0.80 m de diámetro y 1.10 m de altura, calcular su peso, masa, densidad y peso especifico en el sistema MKS técnico, MKS absoluto e ingles técnico. Suponer Dr = 0.855

1.4 Viscosidad, viscosidad dinámica o viscosidad absoluta

Todos hemos observado que la miel escurre de manera diferente al agua o al aceite. Si tenemos un vaso con cada uno de los líquidos anteriores y lo vaciamos en otro recipiente, observamos que la miel escurre lentamente y que una gran cantidad se queda adherida a las paredes del primer vaso, el aceite escurre más fácilmente y es menor la cantidad que queda pegada a las paredes, y el agua escurre rápida y fácilmente. Algo semejante observamos si metemos una cuchara y agitamos; la miel, se resiste a ser agitada aunque lo hagamos con fuerza. El agua se agita fácilmente y el aceite se comporta de manera intermedia.

Estas diferencias en el comportamiento se deben a una característica de los fluidos llamada ***viscosidad,*** *que es la resistencia que presentan los fluidos a escurrir, o sea, a fluir; es decir, a deformarse de manera continua cuando se aplica una fuerza tangencial pequeña y sin necesidad de que aumente dicha fuerza.*

La viscosidad resulta ser la propiedad más importante cuando hay flujo, ya que ocasiona que de la energía cinética del fluido se disipe en el medio ambiente en forma de calor. Esa parte se considera como energía perdida para el fluido y se le llama "pérdidas de energía". En el diseño de conductos, (canales o tuberías), es necesario calcular esas pérdidas y asegurarse de que haya energía suficiente para lograr que el fluido circule por el conducto hasta el lugar donde se necesita y en la cantidad que se requiere.

Si bien la viscosidad no es el único factor que interviene en las pérdidas de energía, si es uno de las más importantes. El estudio de las pérdidas de energía es objeto de cursos posteriores. Aquí profundizaremos un poco en la naturaleza de la viscosidad.

Para empezar diremos que la viscosidad solo se manifiesta si hay escurrimiento o flujo, en los fluidos en reposo no se manifiesta.

La viscosidad permite clasificar a los fluidos en:

- ***Viscosos reales.*** Aquellos que tienen viscosidad y por lo tanto presentan pérdidas de energía cuando fluyen.

- ***No viscosos o ideales.*** Aquellos que carecen de viscosidad y por lo tanto no presentan pérdidas de energía.

Evidentemente el caso ideal no existe en la naturaleza y es solo un modelo teórico que en la actualidad tiene valor pedagógico y permite solucionar algunos problemas de manera aproximada.

Una definición más técnica de viscosidad es:

La viscosidad es la resistencia interna que presentan los fluidos a deformarse continuamente cuando se les aplican esfuerzos cortantes.

Al hablar de resistencia interna nos referimos a una especie de “fricción” entre partículas de fluido. Esa “fricción” es de diferente naturaleza que la que se presenta entre dos superficies de cuerpos sólidos. De hecho, *en los líquidos la viscosidad depende principalmentede la cohesión entre las moléculas del propio líquido.*

Se llama cohesión a las fuerzas de atracción entre las moléculas de un mismo material. Las fuerzas de cohesión son de origen eléctrico, y permiten explicar gran parte del comportamiento a nivel macro de los materiales.

En los sólidos las fuerzas de cohesión entre sus moléculas son grandes, lo que, a nivel macro, les confieren sus características de forma definida, volumen constante, dureza y resistencia a los esfuerzos. En los líquidos las fuerzas de cohesión son pequeñas, por lo que no tienen forma definida pero si volumen constante, incluso ante la presencia de presiones considerables. En los gases, las fuerzas de cohesión son extraordinariamente pequeñas, de manera que se dispersan con mucha facilidad por lo que carecen de forma y su volumen varía significativamente con la presión.

Podemos imaginar la estructura molecular de diferentes materiales. Un solido rígido tendría enlaces extraordinariamente fuertes (rígidos) y en muchas direcciones, enlazando o conectando a las diferentes moléculas, un sólido elástico tendrá menos enlaces y serán elásticos, mientras que un líquido viscoso tendrá menos enlaces y se podrán deformar muchísimo sin necesidad de aumentar la fuerza deformadora.

La cohesión molecular de un sólido rígido debería ser muy fuerte de manera que no permita deformaciones.

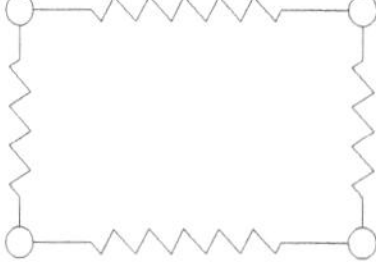

La cohesión molecular de un sólido elástico permite deformaciones proporcionales a las fuerzas deformadoras.

La cohesión en un líquido es mucho menor, de manera que permite deformaciones continuas sin que se aumente la fuerza deformadora, (imagina que las ligaduras son de chicle). En este caso la fuerza debe ser tangencial. Eso es fluir.

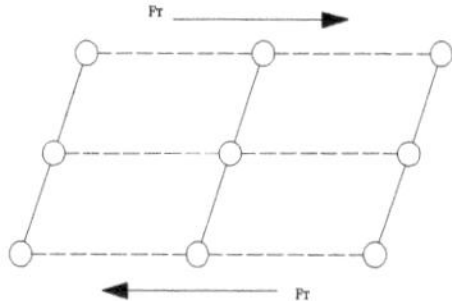

La deformación en los sólidos es proporcional al esfuerzo, mientras que los fluidos fluyen bajo el esfuerzo más ligero, de manera que la aplicación de un esfuerzo tangencial constante durante un lapso de tiempo produce una deformación continua, prolongada, durante todo ese tiempo.

Realicemos ahora el siguiente experimento: coloquemos una pequeña cantidad de aceite de transmisión entre dos placas transparentes suficientemente grandes para que podamos ignorar los efectos de borde (lo que pasa en las orillas), y distribuyamos el aceite de manera que se forme una capa uniforme entre las dos placas. Apliquemos ahora fuerzas tangenciales a cada placa de manera que una se deslice sobre la otra, con lo cual la capa de aceite quedará sometida a la acción de un esfuerzo cortante.

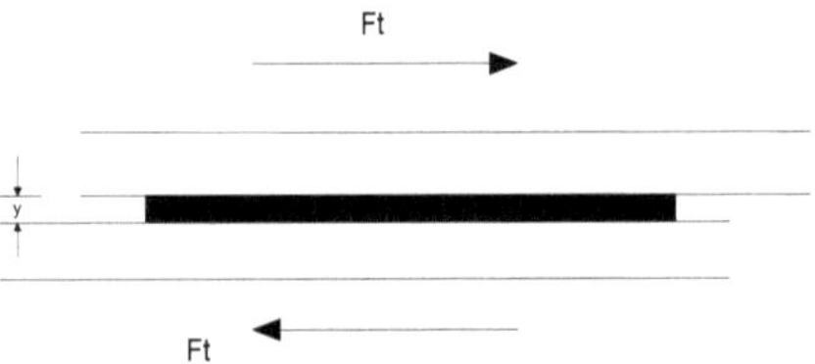

Aceite colocado entre dos placas y sometido a un esfuerzo cortante

Observamos que el desplazamiento de la placa superior sobre la inferior no depende de la fuerza (lo cual, como habíamos dicho, es una diferencia notable respecto a los sólidos elásticos). Ese desplazamiento puede ser muy grande aunque la fuerza sea muy pequeña, más bien depende del tiempo que este aplicada la fuerza. Ahora bien, esa fuerza está aplicada tangencialmente en toda el área de aceite, de manera que se le está aplicando un esfuerzo tangencial o cortante σ.

Por otra parte, si queremos que las placas se deslicen rápidamente y aplicamos las fuerzas de manera brusca, nos llevaremos una sorpresa, ¡la resistencia al esfuerzo cortante aumenta enormemente!

También podemos incrementar o disminuir el espesor "y" de la capa de aceite, y veremos que la resistencia al esfuerzo cortante se comporta de manera inversa a dicho espesor: si "y" es grande, el esfuerzo es pequeño y las placas se deslizan fácilmente. Si el espesor es pequeño el esfuerzo aumenta y el deslizamiento de las placas ocurre con mayor dificultad, es decir se presenta mayor resistencia. Esto explica la importancia de mantener bien lubricadas las partes móviles de los mecanismos.

En resumen, a partir de este sencillo experimento observamos que: ***el esfuerzo cortante es directamente proporcional al espesor de la capa de líquido.*** Esto está planteado en la

Ley de Newton de la viscosidad

Observemos ahora un **fluido real** (es decir que tiene viscosidad) fluyendo sobre un límite sólido. Dependiendo de los valores de la **viscosidad** del fluido y de la **velocidad** del flujo, podemos observar dos tipos de flujo:

Flujo turbulento: si la velocidad es "alta" y la viscosidad "baja", las partículas de fluido se mueven en trayectorias caóticas formando torbellinos de diversos tamaños y con gran efecto de mezclado, a esto se le llama **flujo turbulento.** Este tipo de flujo lo podemos ver en las volutas de humo de un cigarro, en el polvo que arrastran las ráfagas de viento, en la corriente de un río y una cascada, también se presenta en el humo del escape de un camión, en el agua saliendo por la llave, de hecho es el tipo de flujo que se presenta comúnmente en la naturaleza.

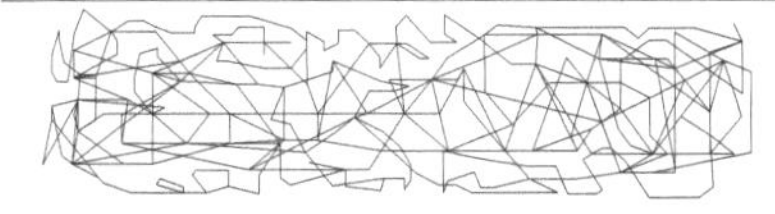

Trayectorias caóticas de las partículas en un flujo turbulento

Flujo laminar. Si l velocidad es "alta" y la velocidad "baja", podemos observar un movimiento ordenado de las partículas, con trayectorias rectas y paralelas, deslizándose unas sobre otras como si estuvieran formando capas o láminas. Este tipo de flujo que se presenta cuando escurre miel sobre una superficie ligeramente inclinada o al sacar una cuchara que estaba adentro de la miel. (El mismo tipo de flujo se puede ver con aceite viscoso como el que usan los autos en la transmisión o en el motor)

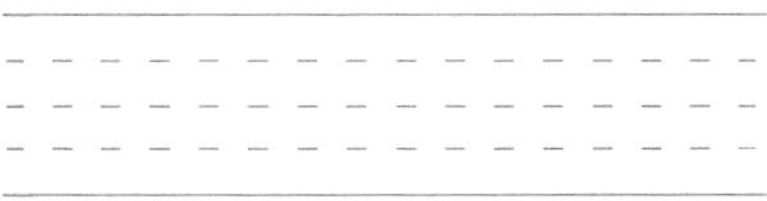

Trayectorias rectas y ordenadas de las partículas en un flujo laminar

En este caso se puede observar claramente como las capas del líquido que están más alejadas del límite sólido se mueven o escurren más rápidamente que las capas más cercanas, de hecho, la capa que está en contacto directo con la superficie se mantiene "embarrada" de miel aunque se le deje mucho tiempo escurriendo.

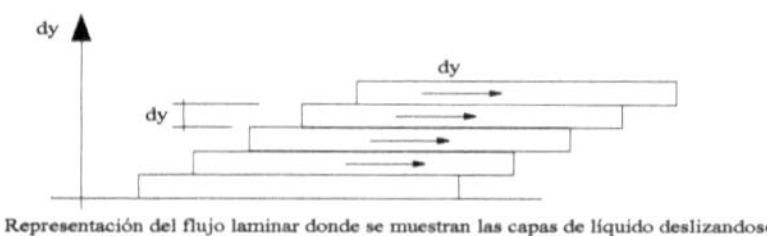

Representación del flujo laminar donde se muestran las capas de líquido deslizandose unas sobre otras. Las más alejadas del límite sólido escurren más rapidamente.

El comportamiento de la velocidad de las diferentes capas puede verse más fácilmente en la gráfica llamada *perfil de velocidades:*

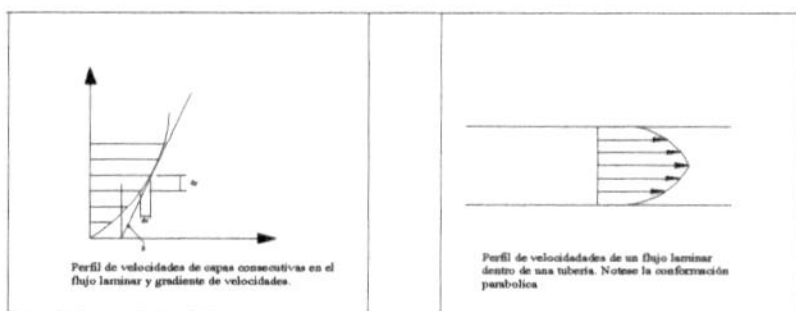

Perfil de velocidades de capas consecutivas en el flujo laminar y gradiente de velocidades.

Perfil de velocidadades de un flujo laminar dentro de una tuberia. Notese la conformación parabolica

El espesor de las capas de es *dy* y la diferencia de velocidad entre dos capas consecutivas es *dv,* de manera que la inferior se mueve con una rapidez v y la superior con una *v+dv,* de ahí que en el tiempo dt las partículas de dos capas sucesivas recorran cierta distancias diferentes *d1 = v dt, d2= (v+dv) dt,* de manera que el fluido se distorsiona y se presentaun esfuerzo cortante entre las dos capas.

La deformación entre dos capas sucesivas es:

$$d_2 - d1 = vdt - (v + dv)dt \ = dvdt$$

es decir, la deformación depende del tiempo, lo que ya habíamos descubierto experimentalmente

En el perfil de velocidades también se observa que la velocidad presenta una variación *dv* al cambiar la distancia al límite sólido. Esto se representa mediante la derivada de la velocidad en relación con la distancia *"y",* y se conoce como gradiente de velocidad.

$$\frac{dv}{dy} = gradiente\ de\ velocidad$$

En el perfil de velocidades el gradiente se representa como la tangente del ángulo β formado entre la recta tangente y la vertical.

Se ha encontrado que ***para flujo laminar, el esfuerzo cortante τ (tao) es proporcional al gradiente de velocidad, según una constante de proporcionalidad llamada coeficiente de viscosidad,*** viscosidad dinámica o simplemente viscosidad, representada por la letra griega μ (mú), es decir:

$$\tau = \mu \frac{dv}{dy} \qquad 1.9$$

Esta relación es conocida como ***ley de Newton de la viscosidad***

Si graficamos el esfuerzo cortante τ contra la variación de la velocidad en relación con la distancia al límite sólido *dv/dy*, la ecuación queda representada por una línea recta que pasa por el origen con pendiente μ. En la figura siguiente se muestra la relación τ contra *dv/dy* para dos líquidos de viscosidades diferentes (μ2 > μ1). Se observa claramente que para el mismo gradiente de velocidades *dv/dy* se requiere mayor esfuerzo tangencial τ cuando la viscosidad es mayor.

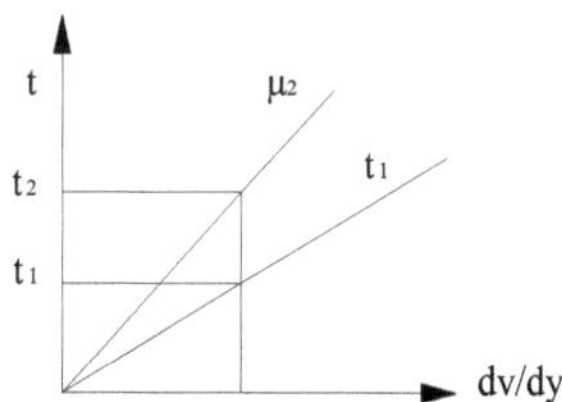

La viscosidad se representa como la pendiente en la gráfica t contra dy/dy

$$\tau = \mu \frac{dv}{dy}$$

Sobre la ecn. 1.9 es importante resaltar lo siguiente:

1.- *Tanto* τ *como* μ *son independientes de la presión,* ya que no aparece en la ecuación.

2.- *Cualquier esfuerzo cortante causará un flujo.* En la gráfica se ve claramente que para cualquier valor de τ diferente de cero, existirá una variación de velocidad y por lo tanto flujo.

3.- Cuando *dv/dy*= 0, τ = 0 sin importar la magnitud de μ. Es decir, *el esfuerzo cortante en fluidos viscosos que estén en reposo será cero,* o como habíamos dicho anteriormente, la viscosidad no se manifiesta en los fluidos estáticos.

4.- El perfil de velocidad no puede ser tangente a un límite sólido (el ángulo β sería de 90° y su tangente infinito), porque eso requeriría un gradiente de velocidad infinito y un esfuerzo de corte infinito entre el fluido y el sólido.

5.- de acuerdo con lo anterior, al acercarnos al límite sólido, en ángulo β crece aumentando el valor del gradiente (la tangente de β) y por lo tanto el esfuerzo cortante τtambién aumenta. Esto ya lo habíamos observado al hacer el experimento con dos placas, a menor espesor de la capa de aceite, es mayor el esfuerzo necesario para que fluya con cierta velocidad.

6.- *Otro caso en el que el gradiente de velocidades vale cero dv/dy= 0,* y por lo tanto el esfuerzo cortante también τ = 0, ocurre cuando el perfil de velocidades es uniforme; o sea que la velocidad es constante en toda la sección. Esto sucede de manera aproximada en el *flujo turbulento,* por lo que en este caso el efecto viscoso puede despreciarse.

El perfil de velocidades de un flujo turbulento en una tubería se aproxima a un perfil uniforme

7.- la ecuación se limita al flujo laminar de los fluidos newtonianos, es decir los que cumplen esta relación lineal entre τ y *dv/dy.* A los fluidos que no la cumplen se les llama "no newtonianos". Por lo tanto la Ley de Newton no tiene el carácter universal de las leyes del movimiento o de la gravitación.

En la siguiente gráfica se muestra el comportamiento de fluidos no newtonianos:

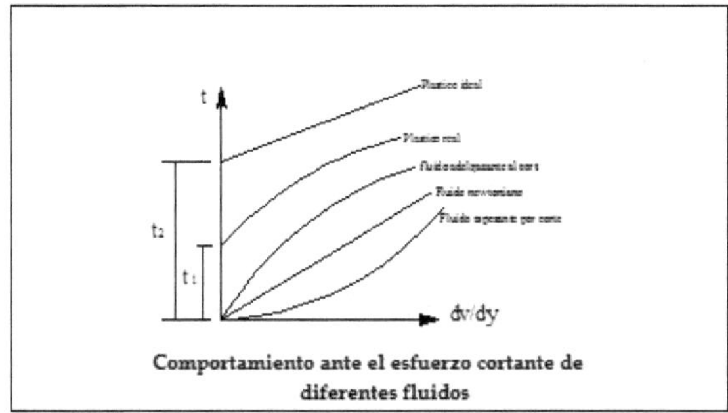

Comportamiento ante el esfuerzo cortante de diferentes fluidos

De acuerdo con la gráfica anterior la diferencia básica entre los fluidos y los plásticos es la existencia de un esfuerzo inicial τ_1 necesario para que empiecen a fluir.

De la ecuación 1.9 podemos despejar la viscosidad para obtener sus dimensiones y unidades

$$\mu = \frac{\tau}{dv/dy} \qquad 1.10$$

Las dimensiones de la viscosidad en el sistema absoluto son:

$$\mu = \frac{\tau}{dv/dy} = \frac{F\,L^{-2}}{LT^{-1}L^{-1}} = \frac{MLT^{-2}L^{-2}}{T^{-1}} = MT^{-1}L^{-1}$$

Las dimensiones de la viscosidad en el sistema técnico son:

$$\mu = \frac{\tau}{\frac{dv}{dy}} = \frac{F\,L^{-2}}{LT^{-1}L^{-1}} = F\,L^{-2}T$$

Las unidades de la viscosidad en el sistema MKS absoluto o Sistema Internacional son:

$$\mu = \frac{\tau}{\frac{dv}{dy}} = \frac{Pa}{mseg^{-1}m^{-1}}\,s = \frac{Kg{*}m}{s^2}\frac{1}{m^2}\,s = \frac{Kg}{m*s}$$

Las unidades de la viscosidad en el sistema MKS técnico

$$\mu = \frac{\tau}{\frac{dv}{dy}} = \frac{\frac{Kg}{m^2}}{\frac{ms^{-1}}{m}} = \frac{Kg * s}{m^2}$$

En la práctica, la unidad usada es de tipo absoluto, corresponde al sistema cgs y se llama *Poise*

$$1 \text{ Poise} = 1\frac{gr}{cm * s} = 0.10\ \frac{Kg}{m * s} = 0.1\ Pa * s$$

Variación de la viscosidad con la temperatura

Es bien sabido que si calentamos una cuchara la miel fluirá más fácilmente, es decir, su viscosidad disminuye, esto ocurre con la gran mayoría de los líquidos: ***la viscosidad de los líquidos disminuye al aumentar la temperatura;*** sin embargo con los gases ocurre lo contrario, ***la viscosidad de un gas aumenta con la temperatura.*** Para explicar esta diferencia de comportamiento debemos analizar las causas de la viscosidad.

A nivel molecular la viscosidad está determinada por las fuerzas de cohesión y por el intercambio en la cantidad de movimiento de las moléculas. En los líquidos las fuerzas de cohesión predominan y se relajan o disminuyen cuando aumenta la temperatura, por ello la viscosidad disminuye. En los gases, las fuerzas de cohesión son muy pequeñas y predomina el intercambio de la cantidad de movimiento al aumentar la temperatura aumenta la energía cinética de las moléculas y por lo tanto, el número e intensidad de choques entre ellas, aumentando el intercambio en la cantidad de movimiento, por ello es que la viscosidad aumenta.

Expliquemos ambos casos con una similitud: imaginemos al líquido como una gran cantidad de personas que van caminando por un pasillo del metro o por una calle estrecha, todas en la misma dirección y con la misma velocidad (las personas representan a las moléculas), un aumento de temperatura significa un aumento de velocidad, por lo que todas las personas caminarán más rápidamente y el conjunto (el flujo) fluirá más fácil y rápidamente, incluso podemos imaginarnos que al caminar más rápido aumentará la separación entre las distintas personas, por lo cual, si alguien quiere rebasar podrá hacerlo más fácil que cuando todos se movían lentamente; es decir, la viscosidad habrá disminuido.

Ahora imaginemos el gas como una gran cantidad de personas moviéndose en un espacio cerrado pero cada una en diferente dirección, algo así como lo que pasa en una plaza atestada de gente, en un mercado o en uno de los distribuidores del metro donde confluyen y salen una gran cantidad de pasillos. En todos los casos el movimiento de las personas (el flujo) es lento pues unas personas estorban a otras, si en ese lugar atestado, se escucharan disparos o alguien gritara ¡fuego!, la consecuencia sería catastrófica, cuando todos quisieran correr (incremento de energía cinética por aumento de temperatura) en diferentes direcciones, el número de choques (intercambio en la cantidad de movimiento) aumentaría enormemente, se estorbarían más unos a otros, muchos tropezarían, habría lesionados y de cualquier manera el flujo, es decir el movimiento general de la masa, se haría más lento. Eso pasa con la viscosidad de los gases.

1.5Viscosidad cinemática

En muchas ecuaciones de la hidráulica aparece la relación o cociente de la viscosidad entre la densidad, por lo que se ha creado otro concepto para dicho cociente, llamándole viscosidad cinemática v (nú):

$$Viscosidad\ cinemática = \frac{viscosidad}{densidad}$$

en símbolos:$\vartheta = \frac{\mu}{\rho}$

Sus dimensiones en el sistema absoluto son:

$$[\mathrm{v}] = \frac{[\mu]}{[\rho]} = \frac{M\,L^{-1}T^{-1}}{ML^{-3}} = L^2T^{-1}$$

Podemos observar que en los dos sistemas sus dimensiones son iguales y están definidas únicamente en términos de longitud y tiempo, de ahí el nombre de "cinemática".

Como resultado lógico de lo anterior, sus unidades en los dos sistemas MKS abs y Tec.

$$[\nu] = \frac{m^2}{s}$$

Aunque es más común usar la unidad de los cgs llamada Stokes y definida como:

$$1 \text{ stokes} = 1\,\frac{cm^2}{s} = 1\,x10^{-4}\,\frac{m^2}{s}$$

1.6 Elasticidad y compresibilidad

Sabemos que en los sólidos, la elasticidad es la capacidad que tiene un cuerpo de recuperar su forma original después de que ha sido deformado, en los fluidos, debido a que carecen de forma, la definimos en función del volumen:

"La elasticidad volumétrica es la capacidad de recuperar su volumen después de que ha sufrido un cambio de presión" en contrapartida, ***la compresibilidad es la capacidad de los fluidos de cambiar su volumen con un cambio de presión.*** De manera que no solo son propiedades relacionadas sino reciprocas, como veremos a continuación.

Consideremos un recipiente de paredes gruesas y rígidas con un embolo en la parte superior que ajusta perfectamente.

Dentro del recipiente se encuentra un fluido de volumen *V* que experimentará una disminución de volumen *dV* cuando la presión se incremente *dP*

No obstante estos cambios, la masa $m = \rho * V$ permanecerá constante, por lo que su derivada valdrá cero

$$d(\rho \cdot V) = \rho dV + V d\rho = 0 \qquad 1.11$$

de aquí resulta que

$$-\frac{dV}{V} = \frac{d\rho}{\rho} \qquad 1.12$$

Es decir la disminución de volumen por unidad de volumen (dV/V, cambio de volumen en relación al volumen original o deformación unitaria), es igual al incremento de la densidad en relación a la densidad original. (El signo - indica disminución)

Dividiendo entre el cambio de presión dP

$$-\frac{dV/V}{dP} = \frac{d\rho/\rho}{d\rho} \qquad 1.13$$

Es decir, *el cambio de volumen dV en relación al volumen original V por cada cambio de presión dP es la capacidad de comprimirse o sea la* ***compresibilidad Cv.***

$$\text{Compresibilidad} = \mathbf{Cv} = -\frac{dV/V}{dP} = \frac{d\rho/\rho}{d\rho} \qquad 1.14$$

El recíproco de la compresibilidad es el módulo de elasticidad volumétrica *Ev*

$$Ev = \frac{1}{Cv} = -\frac{dP}{dV/V} = -\frac{dP}{d\rho/\rho} \qquad 1.16$$

Que se define como***: El modulo de elasticidad volumétrica es el cambio de presión dividido entre el cambio de volumen por unidad de volumen.*** El signo menos indica que con un aumento de presión el volumen disminuye.

Dado que dV/V es adimensional, carece de unidades y por tanto el módulo de elasticidad tiene las dimensiones y unidades de la presión: $F\ L^{-2}$ en el sistema técnico, $M\ L^{-1}\ T^{2}$ en el absoluto. Sus unidades son: Kg/m^2 en el MKS técnico y N/m^2 en el MKS absoluto.
En los líquidos la compresibilidad es baja y los valores del módulo de elasticidad volumétrica son relativamente grandes, lo que significa que se requieren grandes cambios de presión para

obtener cambios de volumen que resulten apreciables, por ello es *común considerar que los líquidos son* ***incompresibles.*** Solo en algunos fenómenos como el "golpe de ariete" se manifiesta la elasticidad de los líquidos y debe tomarse en cuenta. Por otro lado el módulo de elasticidad volumétrica varía con la temperatura, pero en los líquidos esta variación no es muy grande.

El módulo de elasticidad volumétrica del agua es del orden 21000 kg/cm^2. Para tener una idea de lo que esto significa, podemos suponer que se le aplica un incremento de presión de 10 Kg/cm^2 = 1x10 Kg/m^2 (algo así como 10 atmosferas o la presión a 100 m de profundidad en agua) a 1 m^3 de agua ¿cuál sería el cambio de volumen? Despejando de la ecn. 1.16 tenemos:

$$-dV = \frac{VdP}{E} = -\frac{1\,m^3 * \frac{10kg}{cm^2}}{21000\frac{kg}{cm^2}} = -\frac{1}{21000}m^3 = -4.76 \times 10^{-5}\ m^3$$ [2]

En los gases la compresibilidad es alta, lo que significa que se obtienen grandes cambios de volumen con pequeñas variaciones de presión, por lo que se les considera compresibles. En consecuencia los valores del módulo de elasticidad son bajos, sin embargo la temperatura influye notablemente, por lo que habrá que tomar en cuenta las relaciones termodinámicas correspondientes.

Cohesión y adhesión

Al estudiar la viscosidad vimos que la cohesión son las fuerzas de atracción entre las moléculas del mismo material, mientras que la adhesión son las fuerzas de atracción entre moléculas de diferentes materiales. Al igual que la cohesión, las fuerzas de adhesión son de origen eléctrico. El balance o valores relativos de las dos fuerzas permiten explicar algunos fenómenos a nivel macro tales como la formación de burbujas, la ascensión por tubos capilares y la formación de membranas elásticas en las superficies de los líquidos, entre otros.

Tensión superficial

---

[2] Aunque la operación no se hizo con unidades homogéneas, es decir del mismo sistema, las unidades de presión y del módulo de elasticidad se anulan por ser las mismas.

La superficie libre de un líquido en contacto con la atmósfera se comporta como si fuera una membrana elástica de pequeña resistencia, lo que permite que los insectos caminen por la superficie libre del agua y que una aguja no se hunda si es depositada con cuidado.

El comportamiento anterior se debe a la cohesión de las moléculas. Al interior de la masa líquida, una molécula es atraída en todas direcciones por las moléculas que le rodean, pero en la capa limítrofe con la atmosfera solo atraída hacia abajo y hacia los lados (la atracción hacia arriba por las pocas moléculas de vapor y por las moléculas de aire, es muy pequeña), produciendo ese comportamiento de membrana elástica.

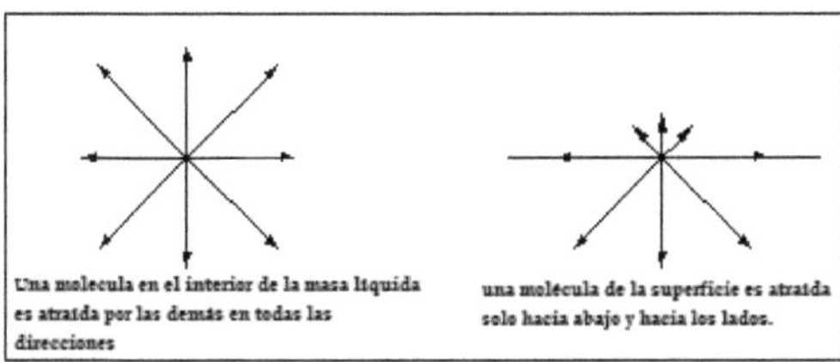

Podemos establecer una analogía con el lienzo de salvamento que es tensado horizontalmente en todas direcciones, por un grupo de bomberos colocados en círculo, lo cual le confiere cierta capacidad de carga vertical. De hecho, considerar a la superficie los líquidos como si fuera una membrana elástica es también una analogía teórica.

La tensión superficial σ (sigma) se define como la fuerza en la superficie del líquido, en dirección normal a una línea de longitud unitaria trazada en esa superficie.

De aquí se desprende que sus dimensiones serán fuerza por longitud

$$[\sigma] = \frac{F}{L} = F\,L^{-1}$$

Por lo tanto:

En el MKS absoluto sus unidades son Newton por metro: N/m
En el MKS técnico sus unidades son kilogramo fuerza por metro: Kg/m

Debido a que la tensión superficial depende directamente de las fuerzas de cohesión intermoleculares, su magnitud disminuirá al aumentar la temperatura. También depende del fluido que se encuentre en contacto con la superficie del líquido, aunque por lo general se expresa en contacto con el aire.

La tensión superficial también se presenta en la formación de gotas, burbujas pequeños y pequeños chorros. Las pompas o burbujas de jabón proporcionan una buena oportunidad de observar el comportamiento de la membrana elástica, siendo uno de los objetos más delgados que se pueden observar a simple vista.

Al observar las magnitudes de la tensión superficial de diferentes líquidos en las tablas del final de esta unidad, podemos percatarnos que son muy pequeñas: 0.029 N/m para el benceno, 0.026 N/m para el petróleo crudo, 0.073 N/m para el agua, etc. Esto es el motivo para que en la mayor parte de los problemas de ingeniería no se tome en cuenta.

Capilaridad

Se conoce como capilaridad el efecto de ascensión (o descenso) de la superficie libre de un líquido dentro de un tubo de pequeño diámetro, llamado por ello capilar. En un tubo capilar la superficie libre de los líquidos deja de ser una línea recta horizontal y forma una superficie curva llamada menisco. La capilaridad también se presenta en medios porosos.

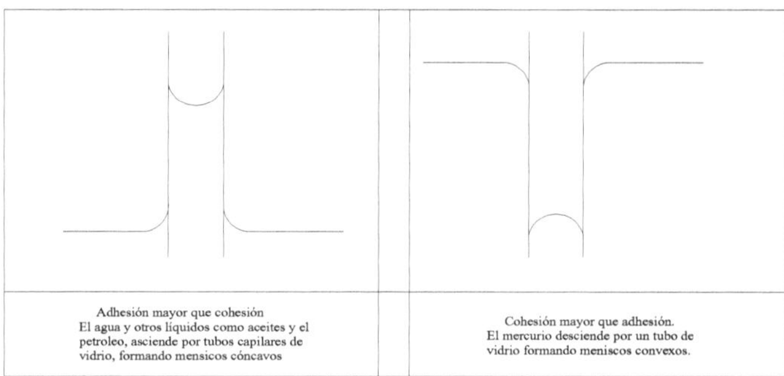

Adhesión mayor que cohesión
El agua y otros líquidos como aceites y el petroleo, asciende por tubos capilares de vidrio, formando mensicos cóncavos

Cohesión mayor que adhesión.
El mercurio desciende por un tubo de vidrio formando meniscos convexos.

El ascenso o descenso capilar se puede explicar por la correlación de fuerzas entre la cohesión y la adhesión. En el caso del ascenso es claro que las fuerzas de adhesión entre las moléculas del líquido y las del tubo son mayores que las de cohesión entre las moléculas del propio líquido, razón por la que el líquido es atraído hacia arriba. En el caso del mercurio y el vidrio, la cohesión es mucho mayor, por lo cual el líquido es atraído hacia abajo. Sin embargo, si el tubo fuera de cobre, observaríamos una gran ascensión capilar debido a la fuerte atracción eléctrica entre el cobre y el mercurio.

También la correlación entre cohesión y adhesión explica la formación de meniscos cóncavos o convexos "que mojan" o que "no mojan", respectivamente.

Vaporización, ebullición presión de vapor y cavitación

El paso de los estados sólido o líquido, al gaseoso, se conoce como vaporización o evaporación.

A nivel molecular la ***evaporación*** ocurre cuando la energía cinética de las moléculas del líquido cercanas a la superficie vence a las fuerzas de cohesión y a la presión del gas que está sobre la superficie, entonces, algunas moléculas escapan de la masa líquida transformándose en moléculas sueltas, es decir gaseosas. También puede ocurrir el proceso inverso, es decir, que algunas moléculas gaseosas se incorporen a la masa líquida, lo que se conoce como ***condensación.***

Al aumentar la temperatura aumenta la energía cinética de las moléculas del líquido con lo cual aumentará el número de las que escapan a la fase gaseosa. En un recipiente cerrado las moléculas que se evaporan contribuyen a aumentar la presión en la superficie, con lo cual aumentará el número de moléculas gaseosas que se reincorporan a la masa líquida. Cuando se presenta la combinación de presión y temperatura en la cual el número de moléculas que se evapora iguala al de las que se condensa se dice que se alcanza *el punto de saturación,* o que el vapor está saturado. También se dice que se encuentra en *equilibrio cinético.*

La presión correspondiente a este equilibrio es la ***presión de vapor*** o ***presión de vapor saturado*** y depende sólo de la naturaleza del líquido y de la temperatura.

La ***ebullición*** es la formación de burbujas de vapor en el interior de la masa líquida por aumento de temperatura, disminución de la presión o una mezcla de ambas condiciones. El *punto de ebullición es la temperatura* en la cual, para una presión dada, se presenta la ebullición.
A temperaturas inferiores al punto de ebullición la evaporación tiene lugar únicamente en la superficie del líquido. En contraste, durante la ebullición también se forma vapor en el interior del líquido, que sale a la superficie en forma de burbujas.

Cuando el punto de ebullición está próximo se forman diminutas burbujas en el interior del líquido, si la presión de vapor en el interior de las burbujas es menor que la presión externa a ésta, se colapsan de inmediato. Conforme aumenta la temperatura la presión de vapor dentro de las burbujas llega a ser igual a la existente en la superficie del líquido, en ese caso la burbuja no se colapsa, sino que aumenta de tamaño y asciende a la superficie iniciándose así la ebullición.
En el caso del agua, a una atmosfera de presión, el escape de moléculas para formar vapor se presenta desde temperaturas inferiores a los cero grados, es decir desde el estado sólido (a lo cual también se le llama sublimación), pero el efecto se incrementa con e aumento de temperatura hasta alcanzar los 100 °C, punto en el cual (a una atmosfera de presión) el agua entra en ***ebullición.***

Sabemos que a una atmosfera de presión (o a nivel del mar) el agua hierve a 100 °C en un recipiente abierto (a la atmosfera), pero en otros lugares a mayor altura donde la presión atmosférica es menor, el agua hierve a menor temperatura, por ejemplo en la Ciudad de México a 2300 msnm, el agua hierve a los 92 °C aproximadamente y en el Monte Everest a 8850 msnm, donde la presión atmosférica es del orden de un tercio de la que existe al nivel del mar, el agua hierve aproximadamente a los 70 °C. De manera que si podemos disminuir más la presión sobre el líquido este podrá entrar ebullición a menor temperatura.

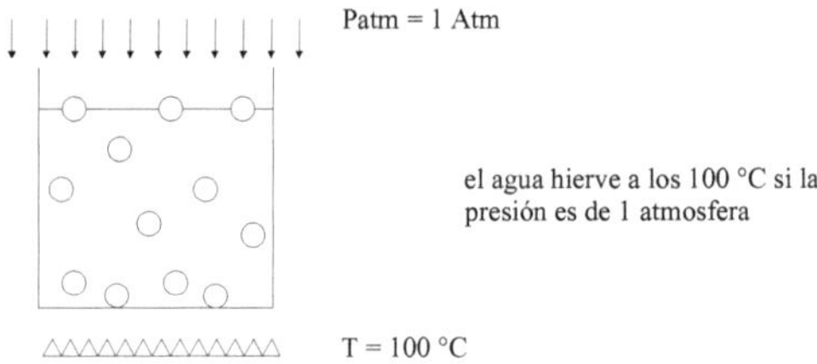

Por otro lado, si la presión sobre la superficie libre del agua es mayor que una atmosfera, la ebullición se presentará a temperaturas mayores. Esto es lo que ocurre en una olla de presión debido a que el vapor se acumula en el espacio entre la superficie libre y la tapa de la olla ejerciendo mayor presión, de manera que la temperatura se puede elevar por encima de los 100 °C lo que permite que los alimentos se cuezan con mayor rapidez.

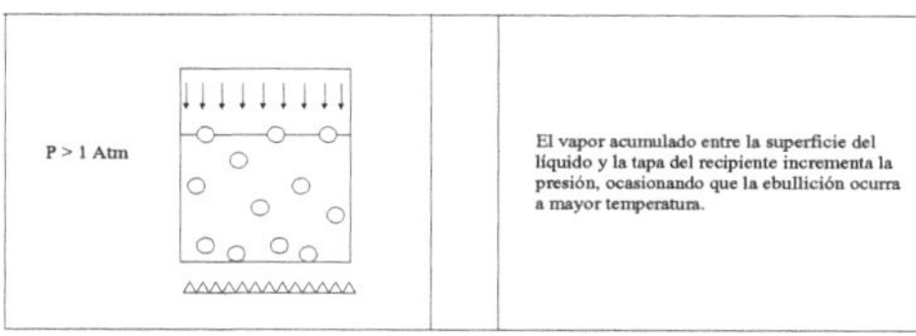

También se puede hacer el experimento contrario, colocando un recipiente con agua y un termómetro y todo esto dentro de una campana de cristal para hacerle vacío.

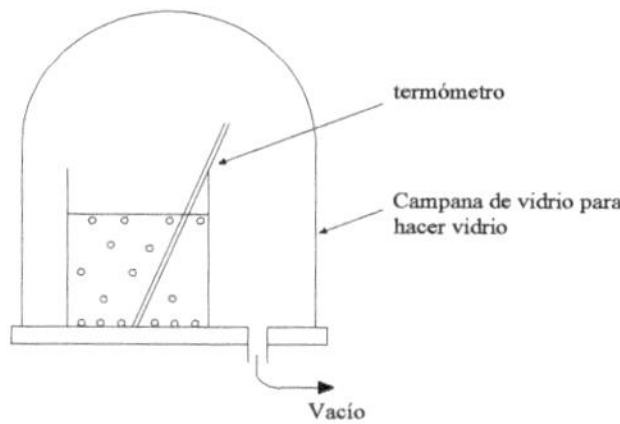

Si el vacío es suficiente podemos observar que el agua entra en ebullición a temperatura ambiente.

Un líquido hierve cuando su presión saturada es igual a la presión externa.

Es decir, existe una correspondencia entre la presión de vapor y la ebullición. De manera que podemos decir que:

La presión de vapor es la que existe sobre un líquido cuando entra en ebullición a una temperatura dada

Presión de vapor para el agua[3]

Temperatura °C	Presión de vapor Pv (Kpa) abs	Temperatura °C	Presión de vapor Pv (Kpa) abs
-50	0.004	40	7.38
-10	0.26	50	12.33
0	0.61	60	19.22
5	0.87	70	31.16
10	1.23	80	47.34
15	1.70	90	70.10
20	2.34	100	101.23
25	3.17	120	199
30	4.24	150	476

Cavitación

Dentro de un flujo la presión puede disminuir por aumento de velocidad o de posición o por una combinación de ambos factores.[4] Si la presión disminuye lo suficiente y llega a ser igual o menor que la presión de vapor (correspondiente a la temperatura que exista), en esa zona del flujo se formaran las burbujas de vapor que también se llaman cavidades.

A la formación de burbujas de vapor o cavidades por efecto de la disminución de la presión dentro de un flujo se le llama cavitación.

A veces estas burbujas se acumulan en la parte más alta de una tubería y llegan a taponarla interrumpiendo el flujo, esto se previene con válvulas o respiraderos como los que se colocan junto a los tinacos en la mayoría de las casas y que se conocen como "jarros de aire".

Otras veces las burbujas son arrastradas por la corriente a zonas de alta presión ocurriendo implosiones que provocan elevaciones puntuales e instantáneas de presión y temperatura. El término implosiones significa el llenado brusco de un hueco o vacío, en este caso la burbuja, por efecto de la mayor presión a que se encuentran sometidas las moléculas alrededor de ese pequeño espacio vació. Ese llenado brusco o repentino que proviene de todas direcciones ocasiona que en el centro de lo que era la burbuja choquen las moléculas que fueron impulsadas al llenar el hueco, provocando un aumento puntual de presión y temperatura

[3] Apendice 2 Vennardt y Street, Mecánica de fluidos, CECSA

[4] Esto se estudia en el último capítulo en la ecuación de Bernoulli

Actividades a realizar capítulo I

Cuestionario. Propiedades físicas de los fluidos

1. ¿Cuáles son los estados de la materia y sus características mas evidentes?
2. ¿Qué estados de la materia se agrupan en la categoría de fluidos?
3. ¿Que es un fluido?
4. ¿Qué es fluir?
5. ¿Qué es un flujo?
6. ¿Cómo se define el esfuerzo y cuantos tipos hay?
7. ¿Cuáles son los esfuerzos que existen en los fluidos?
8. ¿Cuál es la diferencia entre la deformación elástica y la fluencia o flujo?
9. ¿Cuáles son las propiedades físicas de los fluidos relacionadas con la masa y la gravedad?
10. ¿Cuáles son las propiedades relacionadas con los esfuerzos cortantes?
11. ¿Cuáles son las fuerzas a nivel molecular que permiten explicar muchas propiedades de los fluidos?
12. ¿Qué fenómenos y propiedades están relacionadas con la presión, temperatura y cambio de fase?
13. ¿Cómo se define el peso específico, cual es su ecuación, y cuales sus unidades en los principales sistemas?
14. ¿Cómo se define la densidad, cual es su ecuación, y cuales sus unidades en los principales sistemas?
15. ¿Cómo se define la densidad relativa, cual es su ecuación, y cuales sus unidades en los principales sistemas?
16. ¿Qué es la viscosidad?
17. ¿de que depende la viscosidad?
18. ¿Qué es la cohesión?
19. ¿Cómo se clasifica a los fluidos con base en la viscosidad?
20. ¿Cuáles son los tipos de flujos que se presentan en un fluido real? Describelos

Capítulo II

Hidrostática

Introducción

La hidrostática es la rama de la hidráulica y en general de las ciencias físicas, que estudia a los fluidos en equilibrio.[5]

¿Qué es lo que se le estudia a los líquidos y gases en equilibrio?

Como toda ciencia, primero se pretende describir el comportamiento de los fenómenos, descubrir sus leyes, su naturaleza interna, después, al aumentar si comprensión, se pretenderá predecir comportamientos y consecuencias, y finalmente se espera lograr la aplicación de estos conocimientos en la solución de problemas concretos, en la elaboración de artefactos, maquinaria o productos que satisfagan necesidades del ser humano.

De acuerdo con lo anterior, el fenómeno que aquí estudiaremos es el comportamiento estático de los fluidos, sus leyes y su interacción con los límites sólidos.

Estas interacciones están dadas en términos de *fuerzas y esfuerzos.* Esto se refiere tanto a los que están aplicados en el interior del propio fluido, como entre éste y las paredes del recipiente que lo contiene, o cualquier cuerpo en contacto como él como los que están sumergidos. El conocimiento anterior nos permitirá analizar y posteriormente diseñar tanques, albercas, presas, muros de contención, compuertas y recipientes en general, así como cuerpos sumergidos en diversos fluidos. Los temas aquí tratados también son antecedentes de otros relacionados con Obras Hidráulicas y con Mecánica de Suelos.

---

[5] Aquí es conveniente hacer algunas precisiones. En primer lugar recordemos que cuando nos referimos a fluidos abarcamos a los líquidos y a los gases, en segundo, equilibrio significa velocidad constante. Reposo significa velocidad cero, por lo cual el movimiento con velocidad constante (o rectilíneo y uniforme) también entra en el campo de la Estática.

Concepto de presión o esfuerzo

En física es común que las interacciones entre los cuerpos se describan por fuerzas puntuales que representamos gráficamente por flechas o vectores. En la realidad, las interacciones entre los cuerpos ocurren a través de sus superficies, es decir la fuerza no actúa en un punto, sino que está repartida, *de alguna manera,* en una superficie. De aquí se desprende el concepto de esfuerzo que ya habíamos mencionado.

Esfuerzo: el esfuerzo promedio, aplicado en o soportado por, un área, se define como el cociente de la fuerza aplicada entre el área en que está repartida.

$$Esfuerzo = \sigma = P = \frac{F}{A}$$

Tipos de esfuerzo:

Por la orientación de las fuerzas en relación a la superficie sobre la que actúan, los esfuerzos se clasifican en:

Tensión

Tipos de esfuerzos cortantes

1) normales o perpendiculares — Compresión ó presión

2) tangenciales o

La presión es el esfuerzo normal de compresión. Que tiende a disminuir la dimensión geométrica en la dirección en que se aplican las fuerzas.

La presión promedio aplicada en un área A esta definida por el cociente de la fuerza aplicada entre el área en que se aplica:

p = $\frac{F}{A}$ (2.1)

La presión en un punto se obtiene cuando el área tiende a cero

$$p = \lim_{A\to 0} \frac{F}{A} = \frac{dF}{dA} \text{(2.2)}$$

Cuando los fluidos están en reposo solo existen los esfuerzos normales de compresión. Las tensiones prácticamente no existen y los esfuerzos cortantes ocasionan deslizamiento entre las partículas de fluido, por lo cual la masa de líquido o gas, fluye. Por ello no pueden existir esfuerzos cortantes cuando un fluido está en reposo.

Dimensiones y unidades

De acuerdo con la definición de presión o esfuerzo, las dimensiones de la presión son dimensiones de fuerza entre dimensiones de área:

En el sistema técnico $[P] = \left[\frac{F}{A}\right] = FL^2$

En el sistema absoluto la fuerza es derivada, (igual a masa por aceleración)

Entonces $[P] = [F/A] = MLT^{-2} = ML^{-1}T^{-2}$

Unidades:

N/m^2 = Pa = pascales	en el MKS absoluto
Kg/m^2	en el MKS técnico
Lb/ft^2	en el ingles técnico

Fuera de sistema se usan:

Kg/cm^2; lb/plg^2, Torr, bar o bario, Atmosferas simbolizadas por Atm, milímetros columna de mercurio, metros columna de agua y pulgadas o pies columna de agua o de mercurio.

En donde 1 atm = 1 torr y 1bar = 100 kpa
Los metros, milímetros, pulgadas y pies columna de agua o de mercurio se explicaran más adelante.

2.1Tipos de presión.

Las presiones se clasifican conforme a tres criterios:

1. Por su origen
2. Por el instrumento usado para medirlas
3. Por la escala o ubicación del cero absoluto

2.1.1.Por su origen la presión se puede clasificar como:

1.1 presión mecánica.- Es la que se desarrolla entre las superficies en contacto de dos cuerpos sólidos

1.2 presión hidrostática.- Es la ocasionada por los líquidos en reposo, y se puede detectar en cualquier punto dentro de la masa líquida o de las paredes sólidas que están en contacto con el fluido. Suecuación es:

$$P = \gamma h \qquad (2.3)$$

Donde:

P es la presión en un punto
γ es el peso específico del líquido
h es la profundidad del punto considerado; es decir, la distancia vertical medida desde la superficie libre del líquido, en sentido descendente.

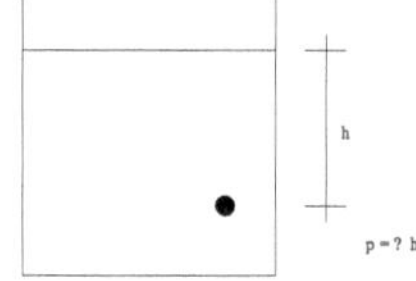

1.3Presión neumática.- Es aquella presión ocasionada por el aire u otro gas en reposo. También podría llamarse aerostática.

1.4 Presión atmosférica.- es la presión ocasionada por la atmosfera. A pesar de que el aire es muy ligero (su peso especifico es aproximadamente de 1 kg/m^3), la capa de aire que cubre al planeta es lo bastante gruesa como para ejercer una presión considerable sobre la superficie de la tierra y de cualquier objeto, (del orden de 1 kg/cm^2).

La presión atmosférica es variable, depende de la temperatura, la altitud, la latitud y los fenómenos meteorológicos como viento, lluvia, tormentas o huracanes. De hechos su medición cuidadosa resulta indispensable para las predicciones meteorológicas. No obstante su variabilidad, se considera a la presión atmosférica normal o "standart" a la que se presenta a 45° de latitud, norte o sur, al nivel del mar, a 20 °C y en un día soleado con la atmosfera en calma. Esta es la definición de una atmosfera de presión.

2.1.2.- Por el instrumento con que se mide, la presión se clasifica en:

2.1 Presión manométrica.- es la que se mide mediante los instrumentos llamados manómetros. Los hay de muchos tipos,[6] pero la característica común es que miden la presión a partir de la presión atmosférica del lugar en donde realiza la medición, es decir, consideran al cero en el valor de la presión atmosférica local, y toman como positiva cualquier presión mayor y como negativa, o vacío parcial, a cualquier sección presión menor. Como el cero de esta escala está en relación a la presión atmosférica local y cambia con ella, se dice que es relativo, de ahí el nombre de la escala.

2.2 presión barométrica.- la medida con el barómetro. El barómetro es el instrumento utilizado para medir la presión atmosférica, por lo tanto presión barométrica y presión atmosférica son dos términos empleados para denominar a la misma presión, es decir, son sinónimos.

El primer barómetro fue construido por el físico italiano llamado Torricelli. Consta de un tubo de vidrio cerrado por un extremo al que se lleno con mercurio y después se coloco con la parte abierta dentro de una cubeta que también contenía ese metal líquido. De manera asombrosa en vez de vaciarse completamente, el mercurio se quedo dentro del tubo formando una "columna" de mercurio de altura "h" que variaba un poco según el lugar donde se hacia el experimento y las condiciones atmosféricas.

[6] Para conocer los tipos de manómetros más comunes consultar Mataix Claudio "Mecánica de fluidos y máquinas hidráulicas" Ed. Alfaomega

¿Qué impedía que el mercurio escurriera hasta vaciar al tubo?

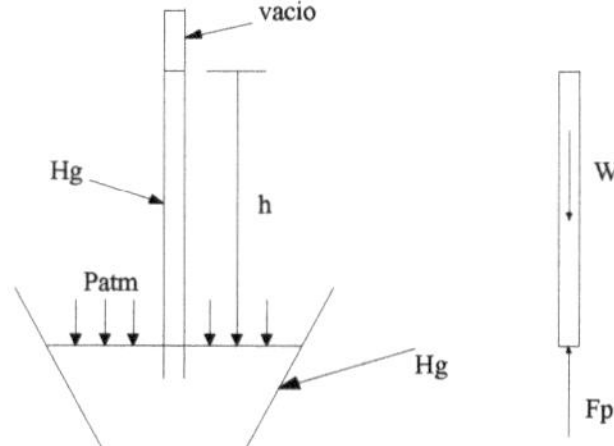

Barómetro de Torricelli. La presión atmosférica equilibra la columna de mercurio

Después de muchas mediciones se descubrió que a nivel del mar, a 45° de latitud, 20 °C de temperatura y con la atmosfera en clama, la altura de esa "columna" era de 760 mm, descubriendo así el valor de lo que ahora se denomina una atmosfera "normal" o "estándar" de presión.

En la segunda figura se muestra el diagrama de cuerpo libre en donde se representan las fuerzas que actúan sobre la "columna" de Hg. Pr equilibrio tenemos:

$$\Sigma Fy\,(+) = Fp - W = 0$$

Donde Fp es la fuerza asociada a la presión atmosférica

$$Fp = Patm * A$$

Y el peso de la columna de Hg es

$$W = \gamma_{Hg} * V = \gamma_{Hg} * h * A$$

Sustituyendo y despejando: $\Sigma Fy = Patm * A - \gamma_{Hg} * h * A$

$$Patm = \gamma_{Hg} * h = 13.56 \ gr/cm^3 * (0.76 \ mm) = 1030.56 \ gr/cm^2$$

Que es el valor de una atmosfera normal o estándar

Ejercicio 2.1: Calcular el valor de una atmosfera en las unidades de presión: hg/cm^2, kg/m^2, Pa, lb/plg^2, lg/ft^2

Ejercicio 2.2: si construyéramos un barómetro como el de Torricelli pero en vez de mercurio usáramos agua, ¿Qué altura alcanzaría la columna de líquido con una atmosfera normal o estándar?

2.3 Por la escala usada, la presión se clasifica en:

Presión relativa: es aquella que se mide a partir de la presión atmosférica local. Es decir el cero dela escala esta en relación a la presión ambiente, por eso se llama relativa.

La idea es muy simple, cuando decimos que la llanta de un auto está desinflada porque “no tiene aire” o mejor dicho “no tiene presión”, no estamos pensando que dentro de la llanta exista el vacío total, de hecho, si tiene aire, pero está a la misma presión que el aire de afuera, es decir, a la presión atmosférica local, la cual se considera cero.

La presión relativa puede ser *positiva* si la presión que se mide es mayor que la atmosférica, o *negativa* si es menor. En este caso también se le llama *vacío parcial* o simplemente *vacío.*

¿Qué aparato se usa para medir la presión relativa?

Presión absoluta: Es la presión medida desde el cero absoluto que es el vacío total o absoluto, también se puede entender como la ausencia total de presión.

Imaginemos un recipiente de paredes gruesas y resistentes al que se le conecta una poderosa bomba de vacío. Antes de encender la bomba, la presión dentro y fuera del recipiente es la atmosférica local. Por simplicidad supongamos un valor de 1 kg/cm². Un medidor de presión relativa conectado al recipiente marcaría cero y un medidor de presión absoluta marcaría1 kg/cm².

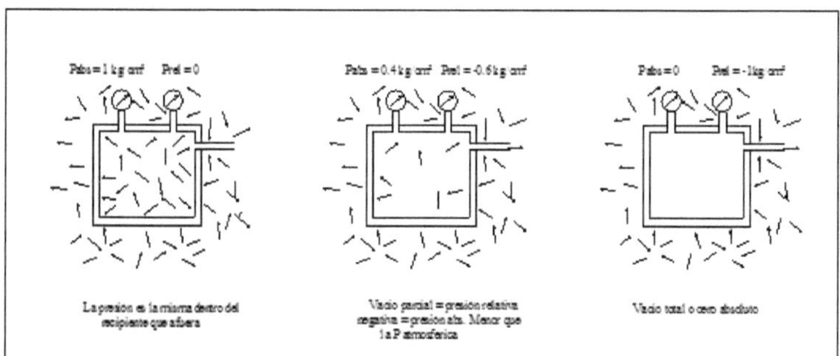

Podemos considerar que la presión es la sumatoria de los choques de las moléculas de aire contra las paredes del recipiente y contra otras moléculas en su movimiento caótico que las caracteriza.

Una vez que se enciende la bomba las moléculas de aire empiezan a salir del recipiente con lo cual disminuye, el número de choques y con ello la presión. El medidor de presión relativa empieza a marcar una presión negativa y el medidor con la escala absoluta marca una fracción de atmósfera. Si continuamos "haciendo vacío" la presión dentro del tanque continuará disminuyendo, el medidor de presión relativa indicara una lectura cada vez menor. Si vaciamos completamente el recipiente habremos llegado al cero absoluto de presión o vacío total.

¿Cuánto indicará cada medidor?

Ejemplo 2.1: En el proceso de vaciado del recipiente anteriormente descrito, supongamos que la presión atmosférica local vale 1 kg/cm²

a) ¿Cuánto es la lectura del medidor de presión relativa cuando la presión absoluta es de 0.7 kg/cm²?
b) ¿Cuánto medirá la presión absoluta cuando la presión relativa sea de -0.6 kg/cm²?

Respuesta: a) -0.3 kg/cm² b) 0.4 kg/cm² ¿puedes explicarlo?

La **relación entre las dos escalas de presión** puede representarse en la siguiente figura:

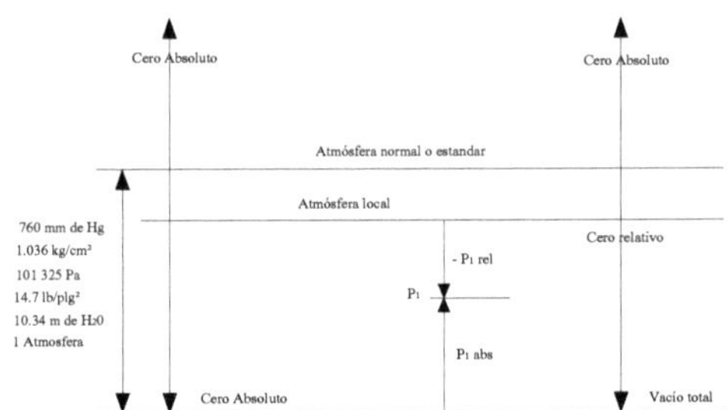

De aquí se deduce la relación

$$Pabs = Patm \pm Prel$$

Resumiendo: la presión se puede clasificar de acuerdo a:

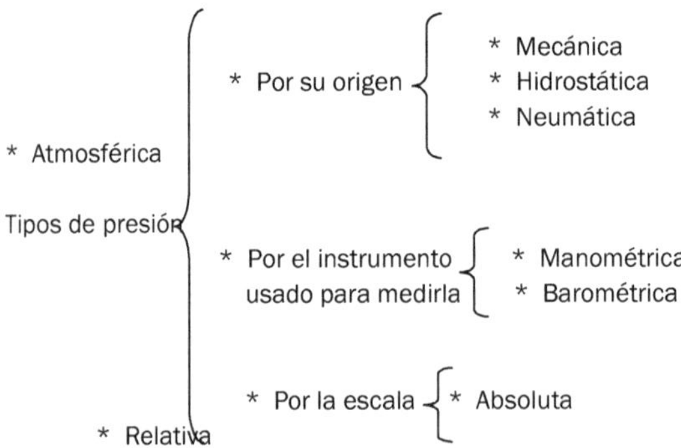

- La presión ***atmosférica*** se mide con el ***barómetro*** en escala absoluta.

- La presión ***manométricasiempre es relativa.*** (positiva o negativa)
- La escala ***relativa*** ubica al ***cero*** en la ***presión atmosférica local.***

Ejemplo 2.2: las llantas de un auto se inflan a una presión de $28 lb/plg^2$

a) ¿Que tipo de presión son las $28\ lb/plg^2$?
b) ¿Cuál es la presión absoluta equivalente si el barómetro marca 730 mm de Hg?

Respuesta:

a) Por su origen podíamos decir que es neumática, ya que está producida por aire en reposo. Por el instrumento para medirla es una presión manométrica, y por la escala es relativa positiva, ya que es mayor a la presión atmosférica pero se empieza a medir a partir de ella (cero relativo).

b) Lo solucionaremos en el MKS absoluto (tu resuélvelo en el MKS tec. y en el ingles tec.)

$$Pbar = Patm = \gamma Hg * h = DrHg * \gamma ag * h = (13.56)(9810\ N/m^3)(0.73\ m) = 97107\ N/m^2$$

$$PLL = (28 lb/plg^2)(0.454\ kg / 1lb)(9.81\ N / 1\ kg)(1\ plg / 0.0254\ m)^2 = 193292\ N/m^2$$

$$Pabs\ LL = Patm \pm Prel = 9710\ N/m^2 + 193292\ N/m^2 = 290399\ N/m^2 = 290399\ Pa$$

$$Pabs\ LL = 290.399\ Pa$$

Propiedades de la presión hidrostática

1.- Las fuerzas asociadas a la presión hidrostática siempre son perpendiculares a las superficies sólidas encontacto y su sentido es empuje.

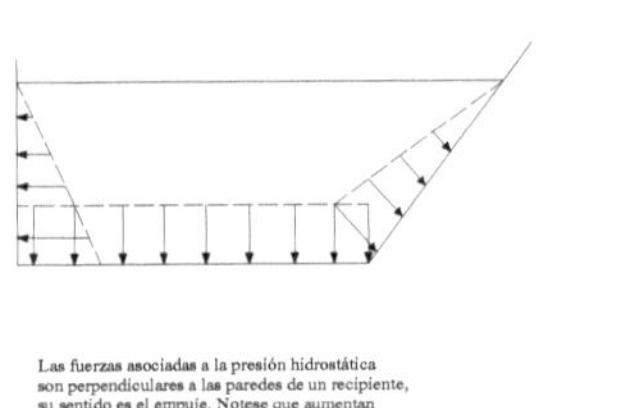

Las fuerzas asociadas a la presión hidrostática son perpendiculares a las paredes de un recipiente, su sentido es el empuje. Notese que aumentan con la profundidad.

Las fuerzas asociadas a la presión hidrostática sobre una porción esférica de líquido son concéntricas y por lo tanto perpendiculares a la superficie de la esfera. Tambien aumentan con la profundidad

Por ello a las fuerzas asociadas a la presión hidrostática se les llama empuje

2.- La presión hidrostática en un punto es igual en todas direcciones[7]
Si imaginamos que la porción esférica del líquido representada en la figura anterior disminuye hasta convertirse en un punto entonces vemos que las fuerzas de presión del resto del líquido son iguales y actúan en todas direcciones.

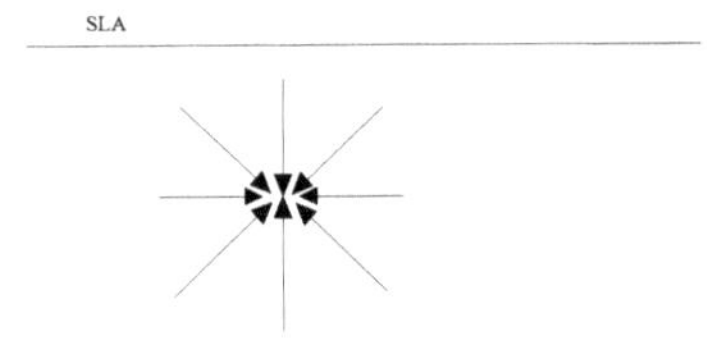

La presión en un punto, es igual por "arriba" y por "abajo" debido a que no hay diferencia de profundidad

3.- la presión hidrostática en un punto dentro de un líquido es directamente proporcional al peso específico del líquido γ y a la profundidad h medida desde la superficie libre del líquido.

$$P = \gamma h \quad (2.4)$$

Que se conoce como la ecuación fundamental de la Hidrostática. Posteriormente haremos su demostración matemática. De esta ecuación se desprende que

[7] Esta propiedad que está muy relacionada con la anterior, y si lo pensamos bien, en el fondo es la misma

- **En un líquido la presión se mantiene constante a la misma profundidad**
- **O bien, en un plano horizontal dentro de un líquido la presión es constante**

4.- En un recipiente cerrado los incrementos de presión se transmiten íntegramente a todos los puntos del fluido y del recipiente. Esto se conoce como el *principio de Pascal,* en honor a su descubridor.

Consideremos un recipiente al que se le incrementa la presión. Vemos que ese incremento se transmite o manifiesta en todos los puntos.

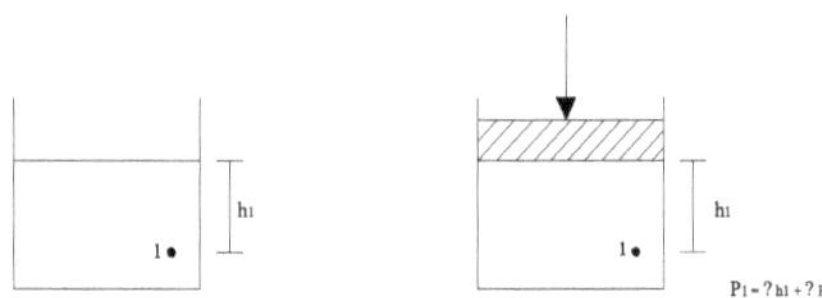

Esto no ocurre con los sólidos, ya que en ese caso los esfuerzos disminuyen conforme aumenta la distancia del punto de aplicación

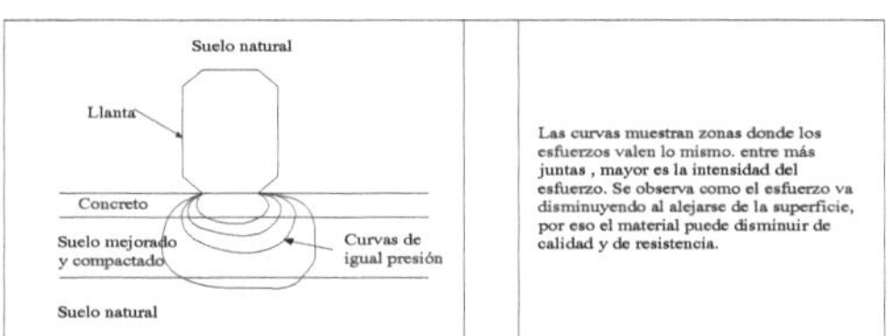

El principio de Pascal tiene muchas aplicaciones en las máquinas hidráulicas conocidas como "gatos". Un gato hidráulico básicamente consta de un recipiente de paredes gruesas lleno de un líquido que no sea corrosivo y dos pistones de diferente área, de manera que cualquier fuerza aplicada en el pistón pequeño se multiplicara en el pistón grande.

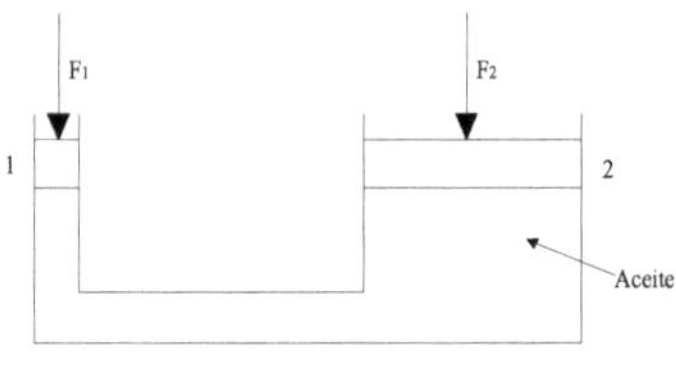

Esquema de un gato hidráulico

La fuerza en el pistón pequeño genera un incremento de presión que se transmite a todos los puntos del recipiente incluido el pistón grande, de manera que hay la misma fuerza por unidad de área (que es la presión), y al haber más área se logra una mayor fuerza. Pudiéndose levantar grandes pesos.

Por el principio de Pascal:

El incremento de presión en 1 = al incremento de presión en 2

$\Delta P1 = \Delta P2$ (2.5)

$\frac{F1}{A1} = \frac{F2}{A2}$ (2.6)

$$F2 = \frac{A2}{A1} F1$$

Como $A2 > A1$

Entonces $\frac{A2}{A1} > 1$ y $F2 > F1$

De manera que si se conocen las dos áreas se puede determinar la fuerza necesaria que se debe aplicar en 1 para equilibrar o en su caso "levantar" a F_2

4.- Todo cuerpo sumergido en un fluido experimenta un empuje ascendente igual al peso del fluido desalojado. Esto se conoce como *principio de Arquímedes*

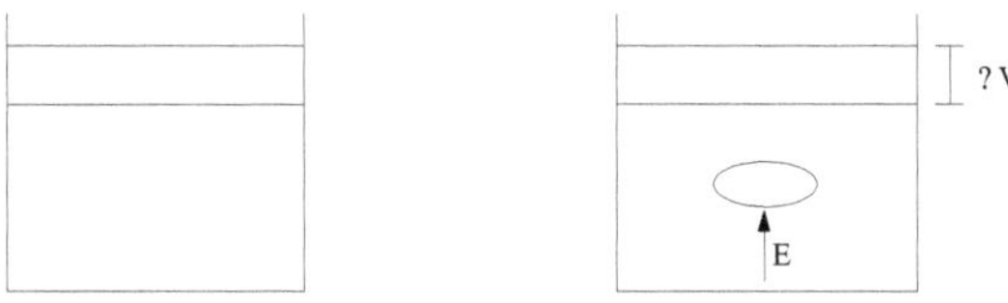

El volumen desalojado es igual al volumen sumergido

Se entiende por líquido desalojado al que se encontraba en donde ahora está el cuerpo sólido. Evidentemente el volumen del líquido desalojado coincide con el volumen sumergido y puede ser menor o igual al volumen del cuerpo, dependiendo si éste se encuentra parcialmente o totalmente sumergido. De manera que

$$Empuje = peso\ específico * volumen\ sumergido$$

$$E = \gamma liq * Vs \qquad \text{ECN. 2.7}$$

La demostración matemática del principio de Arquímedes se hará posteriormente

Manometría

Como habíamos mencionado los manómetros son instrumentos usados para medir presiones relativas: es decir, en relación a la atmosfera circundante o local. Existen muchos tipos de manómetros, los hay de "columna de líquido", de caratula, electrónicos, etc. [8]
Los manómetros tipo "columna de líquido" resultan baratos muy fáciles de construir. Aquí nos interesan porque además nos presentan la oportunidad de poner en práctica la teoría estudiada.

En la mayoría de los problemas de manómetros se trata de encontrar la presión en un punto de un recipiente o de una tubería, a partir de las distancias verticales "h" (alturas o profundidades) de líquidos de peso específico conocido, o que se puede conocerse.

[8]Para ampliar este tema se recomienda consultar a Mataix C. "Mecánica de fluidos e hidráulica" Ed. Alfaomega pp 62-69

Para explicar el método de solución consideremos el siguiente ejemplo general

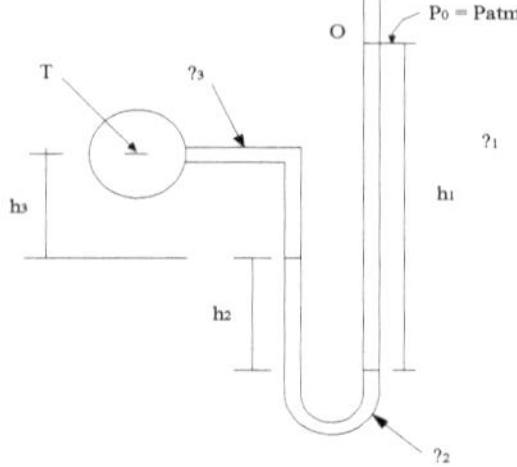

El problema consiste en encontrar la presión del punto T dentro de la tubería, que aquí vemos en sección transversal. Para ello procedemos de la siguiente manera:

1.- Consideramos el valor de la presión en el extremo opuesto del manómetro; es decir, en un extremo contrario al del punto que nos interesa. En este caso será la presión inicial Po en el punto 0 que es la presión atmosférica, porque la tubería del manómetro se encuentra abierta a la atmosfera.

2.- Recorremos la tubería del manómetro sumando o restando los incrementos de presión debidos a los diferentes líquidos:

Si bajamos la presión aumenta en una cantidad $\Delta P = \gamma\, h$
Si subimos la presión disminuye $\Delta P = \gamma\, h$
Si pasamos de un punto a otro dentro de un mismo líquido al mismo nivel la presión se mantiene constante.

Procediendo de esta manera llegaremos a conocer la presión en T

$$Patm + \gamma 1 - \gamma 2\, h2 - \gamma 3\, h3 = PT$$

Nótese que las “h” se miden entre un menisco y otro de cada líquido

Manómetro diferencial

En algunas ocasiones interesa conocer la diferencia de presiones entre dos recipientes o entre dos partes de una misma tubería, para ello se utilizan los manómetros diferenciales.

Ejemplo 2.3: para ejemplificar un caso general supongamos que por la tubería circula un líquido de peso específico γ_L, y que el del líquido manométrico es γ_M. Las dos secciones transversales A, B se encuentran separadas por una distancia vertical ΔZ, la lectura en el manometro es la distancia H entre los meniscos, y la distancia X no se necesita conocerla (ver la figura)

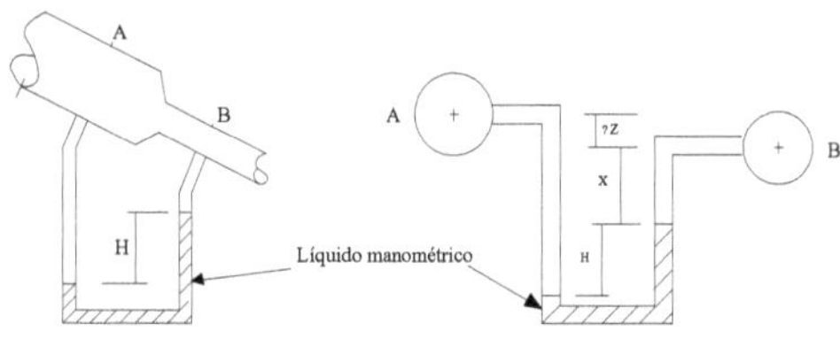

Demostración del principio de Arquímedes (Propiedad a ecn. 2.7)

Analicemos las fuerzas hidrostáticas sobre una porción de líquido delimitado de manera imaginaria con la forma de un prisma rectangular de área transversal A y altura Δh. Este "prisma" de líquido se encuentra en equilibrio dentro de una masa mayor de líquido en reposo. Aquí lo representamos en dos dimensiones por facilidad de dibujo.

Sabemos que la presión es la misma a igual profundidad, y las áreas de las dos caras verticales también lo son A1 = A2 por ello las fuerzas horizontales actuando en la cara izquierda F1 son iguales a las que están actuando en la cara derecha F2. Es decir:

$$P1 = P2$$

F1 A1 = F2 A2

Como A1 = A2

Entonces F1 = F2

Y la resultante de fuerzas hidrostáticas horizontales sobre el cuerpo es cero

$$\rightarrow + \sum Fx = 0$$

En el sentido vertical la presión aplicada sobre la cara superior P3 es menor (por estar a menor profundidad) que la aplicada sobre la cara inferior P4, como las áreas de ambas caras son iguales A3 = A4 = A las fuerzas conservaran la diferencia, es decir habrá una resultante:

$$\uparrow + \sum Fy = F4 - F3$$

$$= P4\,A4 - P3\,A3$$

$$= \gamma\, h4\,A4 - \gamma\, h3\,A3$$

Como $A3 = A4 = A$

Y $h4 = h3 + \Delta h$

Entonces $\uparrow + \sum Fy = \gamma\,(h3 + \Delta h)A - \gamma h3A$

$$\uparrow + \sum Fy = \gamma\,\Delta h\,A$$

Pero $\Delta h\,A = V$ es el volumen de la porción aislada de líquido

$$\sum Fy = \gamma\,V$$

Y $\gamma\,V = W\,liq$ es el peso del líquido contenido en esa porción aislada.

Entonces$\uparrow + \sum Fy = W\,liq$ ecn. 2.8

Pero esta resultante apunta en sentido ascendente, ya que F4 > F3

Si en vez de líquido colocamos ahí un cuerpo sólido de la misma forma y volumen, las fuerzas del líquido que le rodea continuaran siendo las mismas. Por ello se dice que:

"Todo cuerpo sumergido, total o parcialmente, en un líquido en reposo, experimenta una fuerza vertical ascendente, llamada empuje, equivalente al peso del líquido desalojado"

Que es el enunciado tradicional del principio de Arquímedes, y que también es válido si se trata de un gas. Adicionalmente podemos decir que esta fuerza ***pasa por el centro de gravedad del líquido desalojado".***

Lo anterior es muy lógico ya que el peso del líquido aislado de forma imaginaria, pasaba evidentemente, por su centro de gravedad, y las fuerzas del resto del líquido sobre esta porción son colineales al peso a fin de equilibrarlo completamente.

Ejemplos de flotación:

Ejemplo 2.4: determinar el peso específico del líquido de un cuerpo irregular. Este problema es muy común y se presenta cuando se requiere identificar materiales, rocas, por ejemplo.

El procedimiento es muy sencillo: se pesa una muestra del material (algunos le llaman "peso en el aire", nosotros primera lectura de la báscula Lb1) Posteriormente la muestra se sujeta con un hilo para después medir la fuerza necesaria para sostenerla cuando están sumergida en agua (esto algunos autores lo llaman "pesar en el agua", nosotros, segunda lectura de la báscula Lb2) Con estos datos se puede determinar el peso específico, la densidad y la densidad relativa o peso específico relativo.

Actividades a realizar Capítulo II

Cuestionario. Hidrostática

1.- ¿Qué estudia la hidrostática?

2.- ¿Qué aplicaciones prácticas tiene la hidrostática?

3.- ¿De dónde proviene el concepto de esfuerzo de presión?

4.- ¿Cómo se define un esfuerzo?

5.- ¿Qué es la presión?

6.- ¿Cuáles son las dimensiones de la presión en el sistema técnico y en el absoluto?

7.- ¿Qué es un Pascal?

8.- ¿Qué es la presión hidrostática?

9.- ¿Cuánto vale una atmósfera normal o “estándar” en kg/cm^2, Pa, lb/plg^2?

10.- ¿Qué es un manómetro?

11.- ¿Cuál es la diferencia entre las presiones manométricas y las relativas?

12.- ¿Cómo se transmite un incremento de presión en un sólido?

13.- ¿Qué plantea en principio de Arquímedes?

Practica 2.1: Hidrostática

Laboratorio de Hidráulica

Licenciatura en Ingeniería Civil

Universidad LAMAR

Campus: Guadalupe Zuno

Introducción

La materia existe en diferentes estados de agregación: solido líquido y gaseoso. Los líquidos y los gases tienen propiedades comunes tales como su capacidad de fluir y adoptar la forma de los recipientes que los contiene por lo que se les denomina conjuntamente fluidos.

Los líquidos son prácticamente incompresibles, por lo que podemos considerar que su volumen no se modifica. El gas, en cambio se expande y comprime con facilidad.

La *hidrostática* estudia el comportamiento de los líquidos en equilibrio, es decir cuando no hay fuerzas que alteren el estado de reposo o de movimiento del líquido. También se emplea, como aproximación, el algunas situaciones de equilibrio en las que los efectos dinámicos son de poca monta.

Aunque los fluidos obedecen a las mismas leyes físicas que los sólidos, la facilidad con la que cambian de forma hace sea conveniente estudiar pequeñas porciones en lugar de todo el fluido[9]. Por eso no se reemplazan las *magnitudes extensivas* (que no dependen de la cantidad de materia) por las *magnitudes intensivas* (que no dependen de la cantidad de materia): la masa se reemplaza por la *densidad* y el peso se reemplaza por el *peso específico.*

Densidad y peso específico

La densidad (**δ**) de un cuerpo de un cociente entre la masa (m) del cuerpo y el volumen (V) que ocupa:

$$\delta = \frac{m}{V}$$

Como ya dijimos, la densidad es una magnitud intensiva (no depende de la cantidad de materia sino solo del tipo de materia).

[9] Aunque lo suficientemente grande con respecto al tamaño molecular

Las unidades de medida de la densidad son, por ejemplo, kg/lt. Así la densidad del agua es aproximadamente 1 kg/lt y la del hierro 7.8 kg/lt. Sin embargo, pueden utilizarse otras unidades, como por ejemplo kg/dm^3, g/mm^3 y lb/ft^3. En el sistema internacional, la densidad se mide en kg/m^3.

Cuando el cuerpo es homogéneo, la densidad es la misma en diferentes regiones del cuerpo. Si el cuerpo es heterogéneo, la densidad varía para diferentes regiones del cuerpo y se puede establecer una densidad media, como el cociente entre la masa del cuerpo y su volumen.

Principio fundamental de la hidrostática

El tipo de enlace que hay entre las moléculas de un líquido hace que sólo pueda ejercer fuerzas perpendiculares de compresión sobre las paredes del recipiente y sobre la superficie de los objetos sumergidos, sin importar la orientación que adopten esas superficies fronteras del líquido. La presión se interpreta como la magnitud de la fuerza normal ejercida por unidad de superficie y puede valer distinto en los diferentes puntos del sistema.

Al sumergirnos en agua podemos sentir que la presión aumenta con la profundidad. Nuestros oídos detectan este cambio de presión, pues percibimos que el líquido ejerce una fuerza normal de compresión mayor sobre la membrana del tímpano cuanto más hondo estamos. La sensación experimentada en una determinada profundidad es la misma, sin que le importe la orientación de la cabeza; la presión es una magnitud escalar: no tiene asociada a una dirección y un sentido. En cada punto existe un determinado valor de presión que está en relación con la intensidad de la fuerza que el líquido ejerce perpendicularmente al tímpano, esté la cabeza erguida o acostada.

Si un fluido está en equilibrio cada porción de él está en equilibrio. Consideremos una porción cúbica de líquido de volumen V sumergido en reposo dentro del cuerpo del líquido y efectuemos el análisis dinámico de este sistema. Las fuerzas que recibe son de dos tipos:

1) La fuerza gravitatoria ejercida a distancia por la Tierra *(P)*
2) La fuerza superficial de contacto ejercida por el fluido circundante correspondiente a la presión del entorno. *(Fsup)*

El cubo está en equilibrio por lo que la sumatoria de estas dos fuerzas que recibe es nula. De manera que el *fluido circundante ejerce fuerzas superficiales sobre el cubo cuya resultante es una fuerza vertical hacia arriba de igual módulo que el peso del cubo de fluido.*

El fluido circundante ejerce fuerzas superficiales perpendiculares de compresión sobre cada una de las seis caras del cubo. La resultante de estas fuerzas superficiales es vertical, por lo que las fuerzas horizontales que se ejercen sobre las caras laterales verticales enfrentadas del cubo se contrarrestan.

Dado que el fluido del entorno ejerce globalmente una fuerza vertical, para simplificar dibujaremos sólo las caras horizontales de superficie S. El carácter distributivo de esas fuerzas está indicado en la figura con varías flechas que se interpretan como fuerza por unidad de área. Para que el peso sea equilibrado por las fuerzas de contacto, la fuerza por unidad de área sobre la cara superior. En definitiva, la presión por debajo del cubo es mayor que por encima: en el seno de un líquido la presión aumenta con la profundidad.

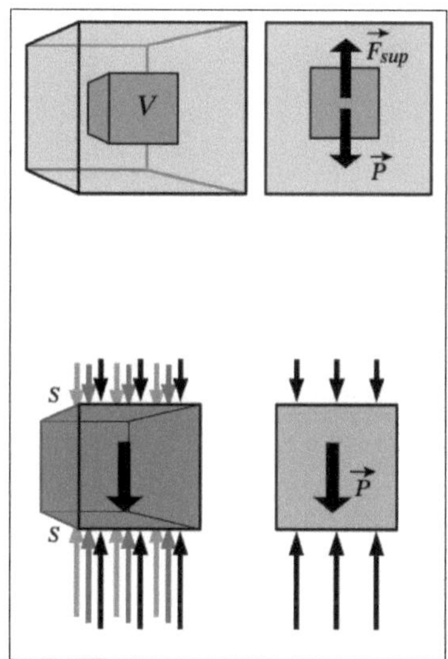

Esto lo enuncia el Principio Fundamental de la Hidrostática:
"La diferencia de presiones entre dos puntos pertenecientes a un mismo líquido en equilibrio, es igual al peso específico del líquido por la diferencia de profundidad".

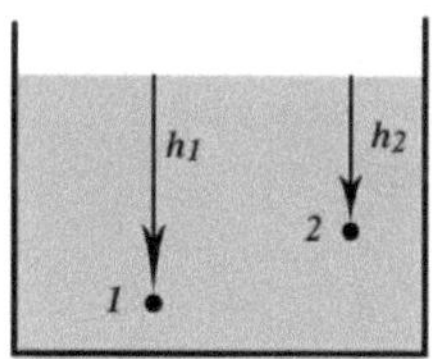

$$p1 - p2 = \rho\,(h1 - h2) = \delta \cdot g \cdot (h1 - h2)$$

2.1 Objetivo

Localizar el centro de presión de una superficie rectangular sumergida y comparar su posición con la predicha por la teoría.

2.2 Requerimientos

- Aparato para la medición del centro de presión
- Abastecimiento de agua
- Flexómetro
- Termómetro

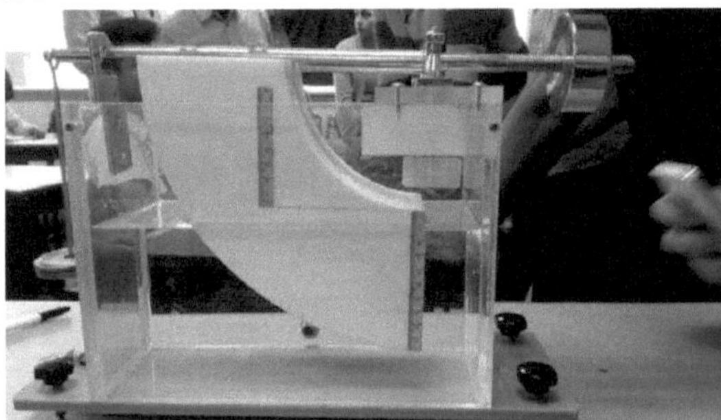

Fig. 2.1 Aparato de centro de presiones hidrostáticas

2.3 Fundamentos

2.3.1 Presión sobre una superficie plana vertical parcialmente sumergida en un líquido

En la superficie plana vertical, la magnitud de la fuerza total del empuje hidrostático será:

$$F = \rho\, g\, A\, \bar{h}$$

dónde:

ρ = densidad del fluido

g = aceleración de la gravedad

A = área de la superficie sumergida $A = B * d$

d = profundidad de inmersión

$\bar{h}$ = profundidad del centroide C, del área sumergida

$$\bar{h} = \frac{d}{2}$$

Por lo tanto:

$$F = \rho\, g\, \frac{B\, d^2}{2}$$

El momento de impulso alrededor del pivote es:

$$Mf = F * h''$$

dónde:

h'' = profundidad de la línea de acción del empuje, desde el pivote al centro de la presión P.

Un momento de equilibrio se produce por el peso W aplicado en el extremo del brazo, es decir:

$$Mw = W * L$$

Por equilibrio estático, igualamos los momentos:

$$Mf = Mw$$

$$F\,h'' = WL = MgL$$

dónde:

M = masa colocada para lograr el equilibrio estático

$$h'' = \frac{MgL}{F}$$

$$h'' = \frac{MgL\,(2)}{\rho g B d^2}$$

por lo tanto experimentalmente tenemos:

$$h'' = \frac{2\,ML}{\rho B d^2}$$

El resultado teórico para ubicar la profundidad del centro de presión P, por debajo de la superficie libre del fluido es:

$$h'' = \frac{Ix}{A\,\bar{h}}$$

Donde Ix es el segundo momento de inercia sumergida alrededor de un eje de la superficie libre del agua. Usando el teorema de los ejes paralelos tenemos:

$$Ix = Ic + A\,\bar{h}^2$$

$$Ix = \frac{B\,d^3}{12} + Bd\,\left(\frac{d}{2}\right)^2$$

$$Ix = \frac{B\,d^3}{3}$$

Entonces el resultado teórico para ubicar la profundidad del centro de presión P, por debajo de la superficie libre del fluido es:

$$h' = \frac{B\,d^3}{3\,A\,\bar{h}}$$

$$h' = \frac{2\,B\,d^3}{3\,B\,d^2}$$

$$h' = \frac{2}{3}\,d$$

La profundidad de "P" por debajo del punto de giro será:

$$h" = h' + H - d$$

$$h" = \frac{2}{3}\,d + H - d$$

por lo tanto teóricamente tenemos:

$$h" = H - \frac{d}{3}$$

En otras palabras, la distancia desde el pivote al centro de la presión es la profundidad a la parte inferior del plano vertical, menos un tercio de la profundidad de la parte sumergida del plano vertical. Así el centro de presión en un plano parcialmente sumergido siempre será un tercio de d arriba de la base de la superficie plana sumergida.

Sin embargo, cuando la superficie está totalmente sumergida, y la superficie del líquido no coincide con la parte superior de la superficie plana sumergida, se tiene que incluir entonces en los cálculos, la profundidad de la superficie del agua libre en la parte superior del plano vertical sumergido.

2.3.2 Presión sobre una superficie plana vertical totalmente sumergida en un líquido

En la superficie plana vertical, la magnitud de la fuerza total del empuje hidrostático será:

$$F = \rho\,g\,A\,\bar{h}$$

Dónde:

ρ = densidad del fluido

g = aceleración de la gravedad

A = área de la superficie sumergida $A = B * D$

D = profundidad de la superficie sumergida

$\bar{h}$ = profundidad del centroide C, del área sumergida

$$\bar{h} = d - \frac{D}{2}$$

Por lo tanto:

$$F = \rho\, g\, B\, D \left(d - \frac{D}{2}\right)$$

El momento de impulso alrededor del pivote es:

$$Mf = F * h"$$

dónde:

$h"$ = profundidad de la línea de acción del empuje, desde el pivote al centro de la presión P.

Un momento de equilibrio se produce por el peso W aplicado en el extremo del brazo, es decir:

$$Mw = W * L$$

Por equilibrio estático, igualamos los momentos:

$$Mf = Mw$$

$$F\, h" = WL = MgL$$

dónde:

M = masa colocada para lograr el equilibrio estático

$$h" = \frac{MgL}{F}$$

$$h" = \frac{MgL}{\rho gBD \left(d - \frac{D}{2}\right)}$$

por lo tanto experimentalmente tenemos:

$$h'' = \frac{ML}{\rho BD\left(d - \frac{D}{2}\right)}$$

El resultado teórico para ubicar la profundidad del centro de presión P, por debajo de la superficie libre del fluido es:

$$h' = \frac{Ix}{A\,\bar{h}}$$

Donde Ix es el segundo momento de inercia sumergida alrededor de un eje de la superficie libre del agua. Usando el teorema de los ejes paralelos tenemos:

$$Ix = Ic + A\,\bar{h}^2$$

$$Ix = B\,D\,\left[\frac{D}{12}\left(d - \frac{D}{2}\right)^2\right]$$

Entonces el resultado teórico para ubicar la profundidad del centro de presión P, por debajo de la superficie libre del fluido es:

$$h' = \frac{B\,D\,\left[\frac{D^2}{12}\left(d - \frac{D}{2}\right)^2\right]}{A\,\bar{h}}$$

$$h' = \frac{B\,D\,\left[\frac{D^2}{12}\left(d - \frac{D}{2}\right)^2\right]}{B\,D\left(d - \frac{D}{2}\right)}$$

$$h' = \frac{\left[\frac{D^2}{12}\left(d - \frac{D}{2}\right)^2\right]}{\left(d - \frac{D}{2}\right)}$$

La profundidad de "P" por debajo del punto de giro será:

$$h'' = h' + H - d$$

por lo tanto teóricamente tenemos:

$$h'' = \frac{\left[\frac{D^2}{12}\left(d - \frac{D}{2}\right)^2\right]}{\left(d - \frac{D}{2}\right)} + H - d$$

2.1.4 Procedimiento experimental

1.- Se miden las dimensiones B y D de la superficie plana vertical y las distancias H y L
2.- Las siguientes dimensiones del equipo son las dimensiones estándar del mismo. Estos valores deben ser revisados como parte del procedimiento experimental y sustituidos por mediciones tomadas durante la práctica.
3.- Longitud de equilibrio L = 275 mm (distancia de suspensión de peso al pivote)
4.- Altura H = 200 mm (distancia de la base de la superficie plana vertical a la altura del pivote)
5.- Altura D = 100 mm (altura de la superficie plana vertical)
6.- Ancho B =75 mm (ancho de la superficie plana vertical)
7.- Se coloca el aparato de medición del centro de presión en el banco hidráulico y se ajustan las patas hasta que el nivel de burbuja indique que el aparato está nivelado.
8.- Se coloca el brazo de la balanza en la posición.
9.- Se coloca el contenedor de masas en la ranura del extremo del brazo de equilibrio.
10.- Asegurarse que la válvula de drenaje del aparato está cerrada.
11.- Se mueve la masa de contrapeso hasta que el brazo de la balanza este horizontal.
12.- Se coloca una masa pequeña (50 g, por ejemplo) en el contenedor de masas.
13.- Se añade agua hasta que el empuje hidrostático en la cara frontal del cuadrante haga que el brazo de la balanza se mueva.
14.- Asegurarse de que no hay agua en la parte superior del cuerpo o a los lados, por encima del nivel del agua.
15.- Se continúa agregando agua hasta que el brazo de la balanza está completamente horizontal, esta posición se debe mantener constante durante el registro.
16.- Si se añadió agua de más, se debe obtener la posición de equilibrio con la apertura de la válvula de drenaje, para permitir que un pequeño flujo de agua salga.
17.- Se registra la profundidad de inmersión en la escala; más precisos pueden ser obtenidos de la lectura tomada con la línea de visión ligeramente por debajo del líquido, para evitar los efectos de la tensión superficial.
18.- Se repite el procedimiento anterior para cada incremento de carga, producido por la adición de una masa mayor.
19.- Se continua hasta que el nivel del agua llega a la parte más alta de la escala superior del aparato.

CAPÍTULO III

Hidrocinemática

Introducción

La hidrocinemática es la parte de la Hidráulica que estudia el movimiento de los fluidos desde el punto de vista de su descripción, sin dedicarse a las causas o motivos por los cuales se mueven de determinada manera; es decir, intenta contestar a la interrogante ¿por qué se mueven, como lo hacen?

Al movimiento de los fluidos lo llamamos flujo, y su descripción es fundamental para el estudio y comprensión de los fenómenos hidráulicos. Aquí la abordaremos de manera elemental dejando para otros niveles la descripción matemática profunda.

Al igual que en la cinemática de la partícula, en la descripción del movimiento de los fluidos, usaremos los conceptos de: sistema de referencia, posición, desplazamiento, tiempo, velocidad lineal, aceleración lineal, y algunos otros que iremos definiendo conforme se necesiten.

- Campo de flujo será definido como cualquier región en el espacio donde hay un fluido en movimiento y todos los espacios o regiones quedan ocupadas por el fluido.

- A partir del origen de un sistema de ejes coordenados se emplea el vector de posición (r) para definir el lugar de una partícula en cualquier instante.

- Desplazamiento es un vector que describe el cambio de posición de la partícula, se define mediante las coordenadas del sistema de referencia.

- La trayectoria de la partícula es la curva que describe el camino que la partícula recorre dentro del flujo.

- Distancia recorrida es un escalar positivo que representa la longitud total de la trayectoria recorrida por la partícula.

- La velocidad de la partícula (v) es la rapidez temporal del cambio en su posición, esta puede ser lineal o angular dependiendo de la trayectoria de la partícula. La velocidad es un vector tangente a cada punto de la curva que describe la trayectoria.
- La partícula también sufrirá una aceleración (lineal o angular), la cual se define como la variación temporal de la velocidad en este punto. La aceleración no tiene necesariamente orientación coincidente con la trayectoria de la partícula.

- La rotación es una magnitud cinemática y evalúa el giro local de la partícula, es una medida de la también llamada vorticidad de la partícula dentro del flujo.

Visualización de flujos

Antes de la descripción matemática o cuantitativa del movimiento de los fluidos, la Hidrocinematica debe elaborar la descripción cualitativa, y para ello es necesario *ver* como se mueven los fluidos. Ya Galileo mencionaba que era más fácil entender el movimiento de las estrellas en el cielo, que el del agua en el arroyo que corría a sus pies. O sea que el asunto no es tan trivial, y es que hay una gran variedad de formas en que se mueven los fluidos, por ejemplo un mismo líquido como el agua presenta un movimiento muy diferente cuando escurre por la cuchara que sacamos de un vaso, cuando circula por una tubería, cuando se despeña en una cascada o cuando se encrespa en una ola.

Para observar estos movimientos tan diversos, se han desarrollado experimentalmente una variedad de técnicas y su sustento teórico.

Por ejemplo, se puede inyectar, mediante agujas de la misma densidad pero coloreados para poder ver las trayectorias de las partículas, estos fluidos se llaman trazadores.

Patron de flujo en un recipiente vaciándose y alrededor de un cilindro sumergido

También se puede arrojar pequeños flotadores para que sean arrastrados por la corriente y nos muestren de una forma aproximada como se mueve el conjunto de partículas, es decir el "patrón de flujo".

Métodos de análisis

Cuando describimos el movimiento de ***una partícula o un cuerpo rígido,*** lo que hacemos es *determinar las ecuaciones vectoriales de posición, velocidad y aceleración en función del tiempo:*

$$\mathbf{s} = f\,(t); \quad \mathbf{v} = f'\,(t'); \quad \mathbf{a} = f''\,(t'')$$

De manera que para un tiempo t cualquiera podemos conocer las condiciones del movimiento, esto es: la posición que ocupa, la velocidad y la aceleración que lleva en ese instante; o sea que conocemos toda "la historia", por así decirlo, de la partícula. A este enfoque se le conoce como ***"lagrangiano"*** en honor de Lagrange.

Si se utiliza el método lagrangiano se puede adjuntar dispositivos medidores a diferentes partículas del fluido y obtener las características de cada una conforme se va moviendo. Entonces se obtienen las características de la partícula en función del tiempo y solo si la posición de la partícula es conocida en función del tiempo, estarán dadas también en función de la posición.

Sin embargo, si pretendemos usar este enfoque para describir los movimientos de un número extremadamente grande de las partículas, la mayoría de las veces indefinido, (∞), y con movimientos caóticos, como el que ocurre en un río o torrente bajando entre las piedras de su cauce natural, no encontraremos con que resulta prácticamente imposible seguir la trayectoria y todas las características cinemáticas (posición, desplazamiento, velocidad, aceleración, etc) de cada una de las partículas durante el tiempo del estudio.

Por ello se desarrolló un enfoque alternativo conocido como ***Eulerlano,*** que consiste en definir una porción fija del espacio, que puede ser una superficie, o un volumen, denominados "de control". A través de ellos circula el fluido y se miden, en ese lugar, las variables o características más importantes *del flujo, es decir del conjunto de partículas (y no de cada una).*

Elegida la posición de la superficie o volumen de control, las características cinemáticas estarán dadas en función del tiempo. Usando el método ***Eulerlano*** se instalan los dispositivos de medición en un punto y se obtienen las características del flujo en ese punto como función del tiempo. En diferentes tiempos existirán diferentes partículas pasando el volumen o superficie de control.

Parailustrar lo anterior establecemos la siguiente analogía. Imaginemos una autopista o carretera de cuota, que presenta características similares a un conducto (tubería, canal o cauce), el tránsito; o flujo vehicular representa al fluido y su flujo. Los autos y camiones semejan a las partículas de fluido. Ubicadas estratégicamente están las casetas de cobro que son análogas a las secciones de control: fijas en el espacio y a través de las cuales pasa (o fluye) la masa y la energía, es decir el tránsito.

Bien, en estas condiciones se puede obtener información muy valiosa mediante el control que se ejerce en las casetas. Por ejemplo, podemos saber la cantidad de automóviles que pasan al día, y como cambia esta cantidad de un día a otro de acuerdo a las temporadas del año, (días normales, vacaciones, etc); así podremos evaluar cuando es conveniente ampliar la carretera construyendo un carril adicional. También podremos saber el tipo de vehículos que circulan, podremos conocer el tiempo que en promedio tardan los diferentes *tipos de vehículos* en recorrer la distancia que separa una caseta de la siguiente, etc. Es decir, podemos determinar *características del flujo vehicular* (del conjunto de los vehículos) más que de algún vehículo en especial. Pensándolo bien, no nos interesa la velocidad que un vehículo en especial.

Pensándolo bien, no nos interesa la velocidad que un auto en particular lleva en cada momento, y menos la de todos los autos en todos los instantes, (eso sería utilizar un enfoque lagrangiano). Para averiguar lo anterior, tendríamos que poner un vigilante (humano o automático) que siguiera a cada uno de los vehículos que transitan por la carretera, y la cantidad de información no solo sería gigantesca sino, principalmente, ¡poco práctica!

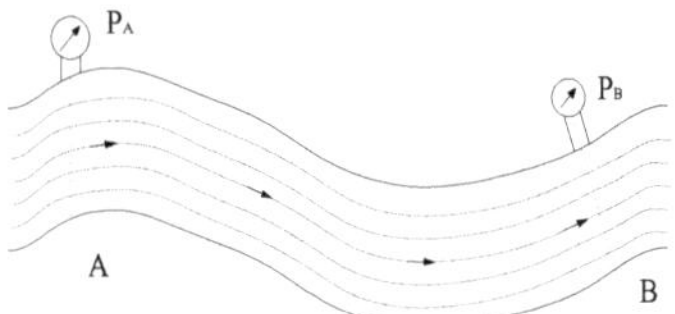

La velocidad es tangente a las líneas de corriente

En la figura se representa una tubería con un par de curvas. En las secciones de control A y b se han colocado unos manómetros para medir la presión, también se podrían colocar otros medidores para obtener la velocidad, la temperatura, u otras características que fuesen importantes. Es conveniente resaltar que estas características son "promedio", es decir, se consideran representativas de las que existen en la sección escogida y en el instante en que se realizó la medición.

Las líneas punteadas representan a las líneas de corriente, que son líneas en las cuales el vector velocidad es tangente en cada punto. En la carretera podrían estar representadas por los carriles, y aunque algunos autos en lo particular se cambian de carril, en general la forma de los carriles representan al flujo es decir la manera en como se mueven la generalidad de los coches. Forzando un poco la analogía podríamos pensar que el ancho se los carriles podría darnos información sobre la velocidad del tránsito. En efecto, carriles anchos nos permiten circular a gran velocidad, carriles angostos nos obligan a circular más lentamente. En el caso de las líneas de corriente sucede lo contrario, cuando la distancia entre ellas es grande, la velocidad del flujo es pequeña, y cuando se acercan significa que la velocidad aumenta en esa zona.

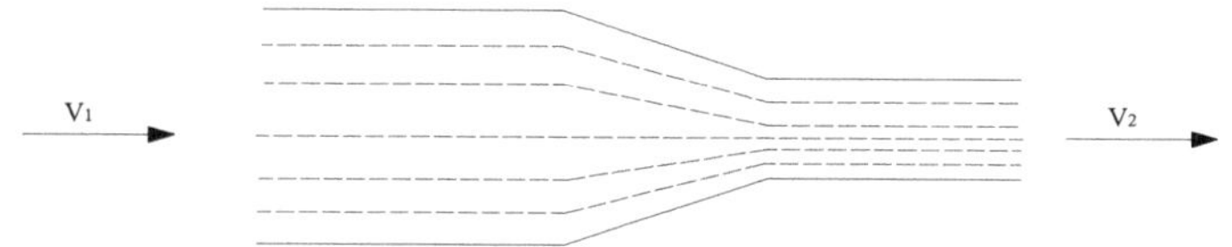

La velocidad aumenta al estrecharse el conducto, las líneas de corriente se acercan sin tocarse

Cuando se trazan líneas de corriente a través de una curva cerrada, estas forman un límite a través del cual no pueden pasar las partículas debido a que la velocidad siempre es tangente al límite así formado.

El espacio entre las líneas de corriente forma un tubo o pasaje denominado Tubo de corriente, y es te tubo se puede estudiar como si estuviera aislado del fluido adyacente. El uso del concepto de tubo de corriente permite la aplicación de los principios de la mecánica de fluidos de una manera mas versátil, al permitir estudiar con las mismas ecuaciones problemas que aparentemente tienen poco en común, tales como el flujo en un conducto y el flujo alrededor de un objeto sumergido. También porque un tubo de corriente de tamaño diferencial coincide con su eje que es una línea de corriente, así es de esperarse que la mayoría de las ecuaciones válidas para un tubo de corriente diferencial lo sean también para una línea de corriente.
El punto de vista euleriano es un enfoque práctico que permite solucionar muchos de los problemas ingenieriles de la mecánica de fluidos.

3.1 Concepto de gasto

Una de las características o aspectos importantes de todo fenómeno hidráulico es la cantidad de líquido, o fluido que interviene. Para dar cuenta de este aspecto se puede recurrir alconcepto de Volumen V; sin embargo debemos percatarnos que este concepto es esencialmente estático, y como los fenómenos hidráulicos son cambiantes (como la propia realidad), el concepto de volumen resulta limitado.

Para ilustrar lo anterior lo que queremos plantear, utilizaremos una analogía: consideremos una cantidad de dinero K que nos van a dar o que ya tenemos...

Aunque la idea es agradable, si reflexionamos un poco nos daremos cuenta que esa cantidad, aunque sea grande, se terminará tarde o temprano. Nos resultaría de mayor provecho si ganáramos una cantidad C, aunque sea menor que K, pero cada *determinado lapso de tiempo*, por ejemplo una vez al mes, o mejor aún una vez cada quincena o cada semana. Es claro que la "misma" cantidad, digamos $10 000.00, adquiere un significado completamente diferente si la obtenemos por única ocasión, si es lo que ganamos durante un año, o cada mes, cada semana o cada día.

El diferente significado resulta porque estamos involucrando al *tiempo*. De manera que es tan importante cuanto ganamos, como el lapso de tiempo que empleamos en hacerlo. Dicho de otra manera que tan seguro ganamos esa cantidad de dinero.

De manera similar, para satisfacer las necesidades de agua de un cierto sistema, que puede ser una granja, una zona de riego, una fábrica o una familia, requerimos una cierta cantidad (o volumen) de agua *cada día, cada hora o cada cualquier otro lapso de tiempo*. **De manera que es más importante el volumen en relación con el tiempo, que el volumen por si solo.**

Entonces definimos al gasto Q como el cociente del volumen que circula por un conducto entre el tiempo durante el cual circula. Dicho de otra manera es el volumen por unidad de tiempo.

$$Q = \frac{V}{t} \qquad \text{ECN. 3.1}$$

Las unidades del gasto son unidades de volumen entre unidades de tiempo: m^3/seg en los MKS, tanto técnico como absoluto, ft^3/seg en el ingles; fuera de sistema se pueden usar; lt/seg, gal/seg, lt/min, lt/dia, etc.

Como vemos el gasto es una cantidad cinemática porque en su definición no involucra ni a la masa ni a la fuerza. Por cierto, tambien se le llama régimen de flujo, descarga, caudal, régimen de flujo o gasto volumétrico.

Consideremos ahora una tubería por la que circula un fluido con un gasto Q a una velocidad V, supongamos que el fluido que pasa a través de la sección 1 mantiene la forma cilíndrica, (quizás porque las paredes del tubo sean transparentes a partir de esa sección o porque el flujo no es muy cohesivo, como la pasta de dientes)

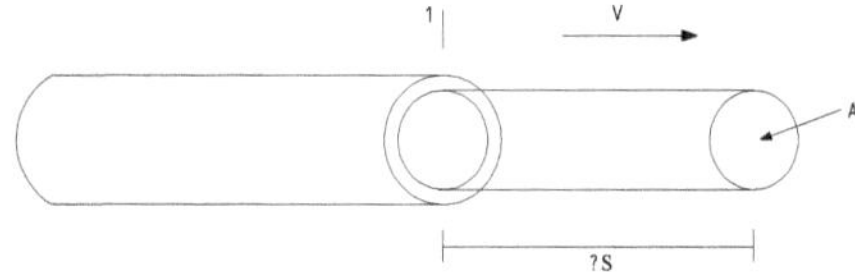

En la definición de gasto $Q = \frac{V}{t}$

podemos sustituir el volumen por

$$V = A\,\Delta S$$

Entonces: $Q = \frac{A\,\Delta S}{t} = A\,V$ ECN. 3.2

Es decir: $Q = \frac{V}{t} = A\,V$

De manera similar puede definirse el

Gasto en masa

Como la masa que circula por una sección de tiempo

$$Qm = \frac{m}{t}$$

Como $m = \rho\,V$

Entonces $$Qm = \frac{m}{t} = \frac{\rho V}{t} = \rho Q$$ ECN. 3.3

También puede definirse el

Gasto en peso

Como el peso que circula por una sección en la unidad de tiempo

$$Qw = \frac{w}{t}$$

Como $$w = \gamma V$$

Entonces $$Qw = \frac{w}{t} = \frac{\gamma V}{t} = \gamma Q$$ ECN. 3.4

Ejemplo 3.1. En algunos casos la velocidad del flujo en conductos debe encontrarse dentro de un rango; es decir debe ser mayor o igual a cierta velocidad mínima para evitar que sólidos se asienten e incrusten en el fondo y las paredes, modificando la rugosidad y reduciendo el área hidráulica (el área ocupada por el flujo), también debe ser menor o igual a una cierta velocidad máxima para evitar erosión en las paredes del conducto. Que diámetro debe tener una tubería para que con una velocidad de 3 m/seg se conduzcan 250 lt/seg.

Solución:

$$Q = A\,v = \frac{\Pi\, D^2}{4}\, v$$

Despejando $D = \sqrt{\frac{4\,Q}{\pi\, v}} = \sqrt{\frac{4*(0.25)}{3\pi}}$

Resultando D = 0.326 m

¿Puedes demostrar que estas unidades son correctas?

Clasificación de los fenómenos fluídicos

En todos los fenómenos de Mecánica de Fluidos intervienen tres factores o elementos:

- El fluido, o material
- El flujo, su forma de moverse
- El conducto, es decir los límites reales o teóricos, esto incluye a los cuerpos sumergidos

Existen muchos criterios para clasificar a los fenómenos hidráulicos, o fluídicos si se prefiere un término más moderno. Aquí presentaremos los más usuales, lo que nos brindará una panorámica del amplio e interesante campo de la Mecánica de Fluidos.

3.2 Tipos de fluidos:

Los fluidos se clasifican según la existencia de varias propiedades

Desde el punto de vista de la compresibilidad los fluidos se clasifican en:

- Compresibles: Aquellos que presentan cambios de volumen y de densidad ante cambios de presión.
- Incompresibles: son los que no presentan cambios de volumen ni densidad ante cambios de presión:

En general se considera que los *gases son compresibles* y que *los líquidos son incompresibles,* lo cual es correcto en la mayoría de los casos, pero cuando un gas se mueve a baja velocidad con pequeñas variaciones de presión y temperatura, puede considerarse como compresibles, lo que significará el cálculo sin introducir graves errores. Por otro lado cuando un líquido está sujeto a grandes cambios de presión puede resultar conveniente considerarlo como un fluido compresible, tal es el caso del *golpe de ariete.*

El golpe de ariete es un fenómeno oscilatorio que ocurre en las tuberías cuando se cierra o se abre bruscamente una válvula. Para describir el fenómeno primero recurriremos a una analogía. Imaginemos el tren subterráneo o "metro" viajando a gran velocidad y que por algún motivo se detiene bruscamente. ¿Qué pasa con las personas dentro de un vagón? Con "la imaginación en cámara lenta" podemos "ver" que las personas continúan moviéndose hacia delante con la misma velocidad. Las que están al frente del vagón chocan con la parte delantera de este, en seguida son aplastadas por las siguientes personas, y después llega un tercer grupo de personas y también se impacta con las de enfrente y así sucesivamente. Con cada “capa” u oleada de personas, la presión aumenta en la capa anterior, pero como siguen llegando más personas la zona de alta presión se va haciendo más grande recorriéndose hacia atrás.

Imaginemos ahora una masa líquida moviéndose a gran velocidad por una tubería. Si de pronto ocurre un cierre brusco de válvula, la primera capa de líquido se impactará con la compuerta de la válvula, aumentando la presión en esa zona, la siguiente capa de líquido se impactará con la capa anterior incrementando la presión, y así sucesivamente con toda la masa de líquido de manera que el incremento de presión viaja como una onda en sentido contrario al flujo hasta el extremo de la tubería opuesto a la válvula, donde por lo general hay un tanque o deposito. Al llegar ahí la onda de presión choca con la masa de agua y se refleja.

Este incremento de presión puede ser tan grande que llega a reventar las tuberías, razón por la cual deben protegerse con un buen diseño y mediante dispositivos de alivio como las válvulas de sobre-presión y las cámaras de oscilación.

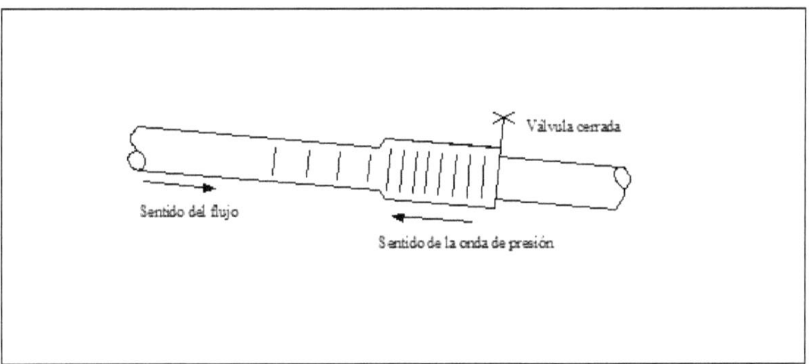

Golpe de ariete. Un cierre brusco ocasiona una onda de presión que viaja en sentido contrario al flujo. Si la tubería fuera elástica la deformación avanzaría junto con la onda de presión.

Desde el punto de vista de la viscosidad los fluidos pueden considerarse:

- Viscosos o reales: son aquellos fluidos que poseen viscosidad, esto implica que presentan resistencia ante los esfuerzos cortantes y por lo tanto se presentan pérdidas de energía durante el flujo.

- No viscosos o ideales: son aquellos que se supone no presentan viscosidad ni pérdidas de energía.

En realidad todos los fluidos son viscosos, sin embargo considerarlos como ideales permite simplificar los cálculos, y es válido en fluidos de poca viscosidad moviéndose lentamente en tramos cortos y de geometría sencilla; es decir de manera que haya pocas pérdidas de energía.

3.3 Tipos de flujos

Las formas en que los fluidos se mueven se clasifican atendiendo a muy diversos criterios. Desde el punto de vista del comportamiento de las variables del flujo conforme transcurre el tiempo en un lugar determinado, (sección o volumen de control) los flujos se clasifican en:

<table>
<tr>
<td>Flujo permanente:
Aquel cuyas variables, presión, velocidad, etc. no cambian al transcurrir el tiempo. Ejemplos de este tipo de flujo se encuentran en tuberías y canales en los que la válvula o compuerta se mantiene con una misma abertura.

En la fig. un tanque se vacía por un lado pero se llena por otro de manera que el nivel del agua permanece constante al transcurrir el tiempo, entonces el flujo en la tubería de salida es permanente.</td>
<td>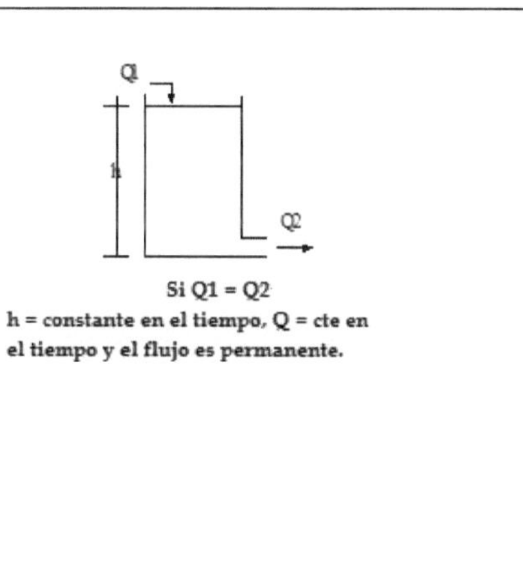
Si Q1 = Q2
h = constante en el tiempo, Q = cte en el tiempo y el flujo es permanente.</td>
</tr>
</table>

Flujo no permanente: Aquel cuyas variables, presión, velocidad, etc. Cambian al transcurrir el tiempo. Ejemplos de este tipo de flujo se encuentran en tuberías y canales en los que la válvula o compuerta se abre o se cierra durante el tiempo considerado, de manera que el gasto es variable. Esta es la característica típica de los flujos no permanentes. En la fig. un tanque se vacía, por lo que el nivel del agua cambia al transcurrir el tiempo. Por lo mismo cambian la velocidad de salida y el gasto.	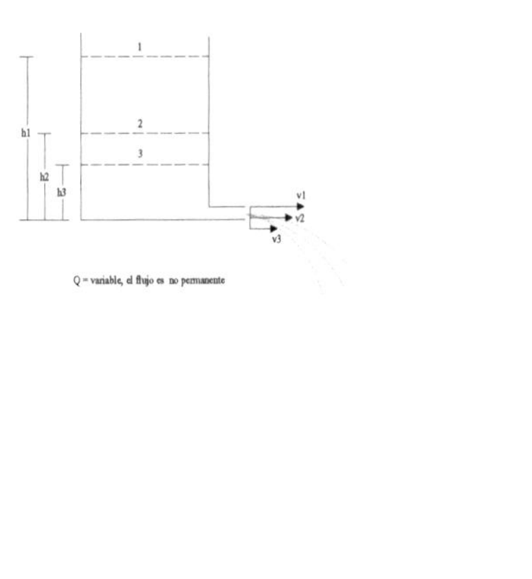 Q = variable, el flujo es no permanente

Desde el punto de vista del comportamiento de las variables del flujo en el espacio; es decir, de un lugar a otro, en un tiempo dado los flujos se clasifican en:

Flujo uniforme. Aquel cuyas variables, presión, velocidad, etc. Permanecen constantes en diferentes secciones de control en un instante determinado. El ejemplo más claro de un flujo uniforme lo tenemos en una tubería recta de sección constante, en donde, de un lugar a otro las variables del flujo no cambian.

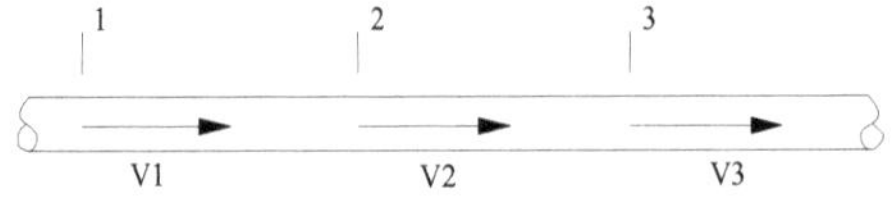

Flujo uniforme. La velocidad en diferentes secciones es la misma

Flujo no uniforme. Aquel cuyas variables, presión velocidad, etc. Cambian de un lugar a otro en un instante dado. Un ejemplo de este tipo de flujo sucede cuando en el conducto hay un cambio de geometría que produce cambio en los parámetros del flujo de un lugar a otro.

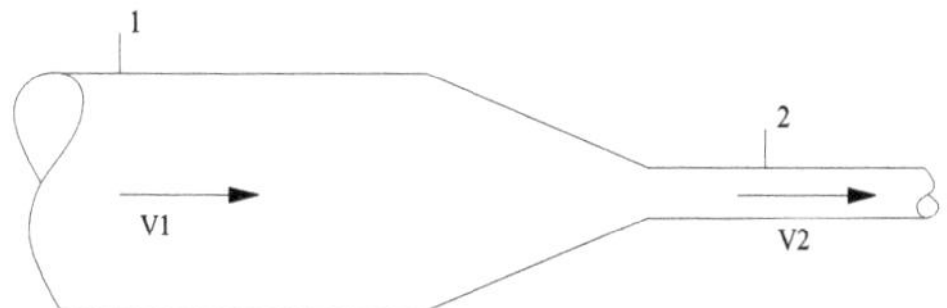

Flujo no uniforme: como el área de la sección 2 es menor que el de la sección 1, la velocidad aumenta, de una sección a otra en el mismo instante (esto también produce cambios en la presión

CAPÍTULO IV

DINAMICA DE LOS LÍQUIDOS

O

ECUACIONES FUNDAMENTALES DE LA HIDRÁULICA

Introducción

En esta unidad estudiaremos las ecuaciones que rigen el movimiento de los fluidos en su versión más simple: fluidos ideales, incompresibles con flujo permanente y unidimensional.

Es decir, la teoría que estudiaremos será válida para fluidos que supondremos carentes de viscosidad y que por lo tanto, no presentan pérdidas de energía mientras se estén moviendo. También supondremos que *no presentarán variaciones de densidad ante los cambios de presión*, esto es correcto en casi todos los fenómenos que involucran líquidos y para algunos gases moviéndose a bajas velocidades. *Por ser permanentes, las condiciones del flujo se mantendrán constantes durante todo el tiempo* que dure el fenómeno, además *consideraremos que los valores promedio de velocidad, presión, etc. en una sección, son representativos de toda la sección*, por lo cual las variaciones solo se darán a lo largo del eje, es decir *en una dimensión.*

Como se podrá observar, aquí estudiaremos el caso más sencillo de la Mecánica de Fluidos, delimitado por las hipótesis anteriores. Aunque su aplicación a problemas reales, obviamente está limitada al razonable cumplimiento de dichas hipótesis, la teoría que aquí desarrollaremos constituye la base para la comprensión y dominio de problemas más complejos.

Las ecuaciones fundamentales de la hidráulica son tres:

1. Ecuación de Continuidad
2. Ecuación de Bernoulli
3. Ecuación del Impulso y la Cantidad de Movimiento

Estas ecuaciones provienen de los principios universales de la Mecánica:

La ***ecuación de continuidad*** es la aplicación del principio de conservación de la masa al movimiento de los fluidos.

Cuando estudiamos el comportamiento mecánico de un cuerpo sólido, es decir cuando estudiamos como se mueve o como se deforma, resulta evidente que la masa del cuerpo se conserva, de ahí que prácticamente no aplicáramos este principio o mejor dicho identificar la cantidad de masa que interviene en un fenómeno y generalmente es una función del tiempo.

Para ilustrar el planteamiento anterior consideremos el chorro de agua que sale por la llave de nuestra casa. La cantidad de agua que puede salir está determinada, entre otros factores, por el tiempo que mantengamos la llave abierta; o sea que podemos sacar un vaso, una cubeta, llenar un tinaco o una alberca. Depende del tiempo en que esté abierta la llave. Entonces la cantidad de masa y el hecho de que está se conserva en un fenómeno hidráulico es un aspecto muy importante a tomarse en cuenta.

La ***ecuación de Bernoulli*** es el principio de conservación de la energía aplicado a los fluidos en movimiento. En dinámica de la partícula se puede deducir la ecuación de conservación de la energía como una versión (simplificada) del principio del trabajo y la energía. Aquí encontraremos la Ecuación de Bernoulli por dos caminos: a) partiendo del principio de conservación de la energía y b) a partir del análisis de las fuerzas que actúan sobre una partícula de un fluido en movimiento, mediante la segunda ley de Newton.

La ***ecuación del Impulso y la Cantidad de Movimiento*** aplicada al movimiento de los fluidos surge de la ecuación del mismo nombre. Es aplicable a muchos problemas de Mecánica de la partícula y del cuerpo rígido. Esta ecuación también proviene de la segunda Ley de Newton integrándola de forma vectorial.

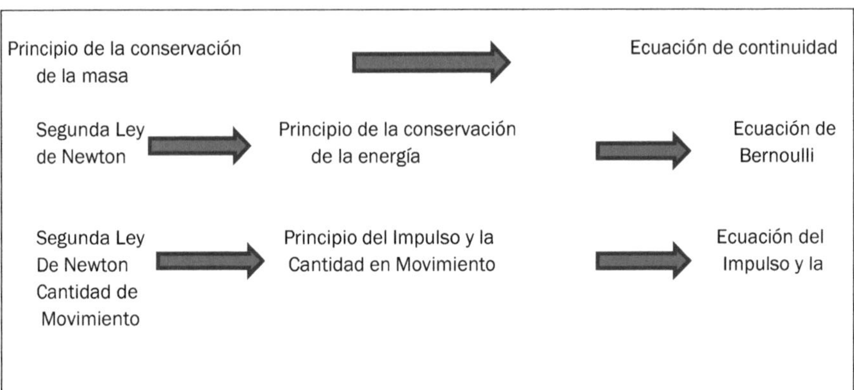

Figura 4.1 Relaciones de los principios generales de la Mecánica y las ecuaciones dela Hidráulica

Estas tres ecuaciones, en la versión simplificada que estudiaremos o en versiones más avanzadas, nos permiten resolver prácticamente cualquier problema de hidráulica (fluidos incompresibles). Cuando se trabaja con gases (fluidos compresibles) es común necesitar además, la segunda ley de la termodinámica u otra ecuación de estado.

4.1 Ecuación de continuidad

La aplicación del principio de conservación de la masa a los flujos, genera la llamada ecuación de continuidad. Aquí la deduciremos para un *flujo permanente, unidimensional de un fluido compresible* y posteriormente para uno *incompresible.*

Considérese el tubo de corriente finito, mostrado en la figura, a través del cual circula el flujo ya mencionado.

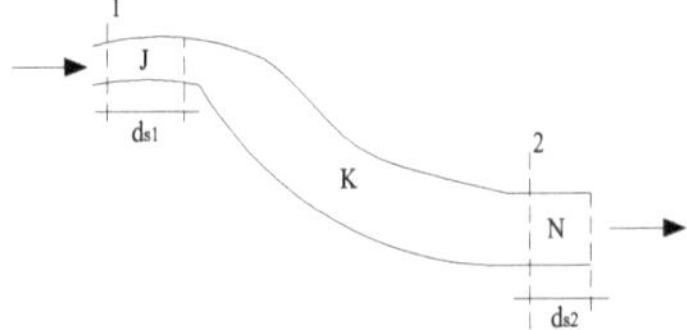

El volumen de control está limitado por el tubo de corriente y las secciones de control 1 y 2, y está fijo en el espacio en el espacio. A través de las secciones de control puede fluir la masa y la energía

El sistema de fluido, es decir la porción de masa que consideraremos, y es la contenida en el volumen de control (J + K) en el tiempo t

Aunque el volumen de control se encuentra fijo en el espacio, el sistema se mueve corriente abajo, de manera que en el tiempo t + dt ocupa el volumen (k + N)

Por conservación de la masa:

Masa del fluido en J+K en el tiempo t = Masa del fluido en K+N en el tiempo t+dt

$$(m_J + m_K)_t = (m_K + m_N)_{t+dt} \qquad (4.1)$$

Como el flujo es permanente la masa no cambia con el tiempo

$$(m_K)_t = (m_K)_{t+dt}$$

Cancelando estos términos en la ecn. 4.1

$$(m_J)_t = (m_N)_{t+dt} \qquad (4.2)$$

Es decir: ***la masa que entra*** (al volumen de control) ***es igual a la masa que sale.*** Este sería el enunciado del principio de la masa aplicado al flujo de un fluido.

Por otro lado los volúmenes J y N son:

$$V_J = A_1\, ds_1 \qquad y \qquad V_N = A_2\, ds_2$$

Así: $(m_j)_t = \rho_1 V_J = \rho_1 A_1\, ds_1$ y $(m_N)_{t+dt} = \rho_2 V_N = \rho_2 A_2\, ds_2$

$\rho_1 A_1\, ds_1 = \rho_2 A_2\, ds_2$ (4.3)

Dividiendo la igualdad entre dt

$$\frac{\rho 1\, A1\, ds1}{dt} = \frac{\rho 2\, A2\, ds2}{dt}$$

$$\rho 1\, A1\, v1 = \rho 2\, A2\, v2 \qquad (4.4)$$

Es conveniente recordar que el gasto en masa

$$Q = \frac{m}{dt} = \frac{\rho V}{dt} = \frac{\rho A ds}{dt} = \rho A v = \rho Q$$

De manera que la ecn. 4.4 plantea que el **régimen de masa o gasto en masa en la sección 1 es igual al gasto enj masa en la sección 2,** dicho de otra manera **el gasto en masa es constante en cualquier sección.**

$$Q_{m1} = Q_{m2} \qquad (4.5)$$

Las Ecns. 4.4 y 4.5 son versiones de la ecuación de continuidad para un *fluido compresible con flujo permanente.*

Si el fluido es incompresible la densidad es constante $\rho 1 = \rho 2 = cte$.

Entonces $A_1 v_1 = A_2 v_2$ (4.6)

$$Q_1 = Q_2 = Q = cte \qquad (4.7)$$

El gasto que entra (al volumen de control) ***es igual al gasto que sale.***

Este es el enunciado de la ecuación de continuidad para un *fluido incompresible con flujo permanente.*

Otra forma de enunciado es:

El gasto es constante en todas las secciones del conducto, mientras no haya fugas o aportes.

si escribimos el área en función del diámetro tenemos:

$$\frac{\pi}{4} D1^2 = \frac{\pi}{4} D2^2$$

Multiplicando ambos miembros por $\frac{\pi}{4}$ queda:

$$D1^2\, v1 = D2^2\, v2 \tag{4.8}$$

Las ecuaciones 4.6, 4.7 y 4.8 son versiones de la ecuación de continuidad, dentro de ellas la más usada es la 4.6.

4.2 Ecuación de Bernoulli

Deduciremos la ecuación de Bernoulli para un fluido ideal incompresible moviéndose con un flujo permanente y unidimensional a partir de la segunda ley de Newton. Para ello consideremos una partícula de fluido de forma cilíndrica que se está moviendo de manera acelerada a lo largo de una línea de corriente S en dirección positiva. Como el fluido es ideal, es decir carente de viscosidad, no existen fuerzas tangenciales que se opongan al movimiento de la partícula. Las únicas fuerzas que están actuando sobre la partícula son:

1.- La fuerza con que la tierra atrae a la partícula, es decir dW. Esta se descompone en dos componentes, la normal a la línea de corriente y que se anula con las otras fuerza normales y la tangencial a la línea de corriente, que sí contribuye a la aceleración.

2.- Las fuerzas de presión que actúan perpendicularmente a las bases del cilindro y que provienen del resto del fluido, es decir, el que rodea a la partícula.

3.- Las fuerzas de presión que actúan sobre la cara curva del cilindro, que son perpendiculares (o normales) a la línea de corriente y que se anulan entre sí y con la componente normal del peso, ya que no existen aceleración en esta dirección.

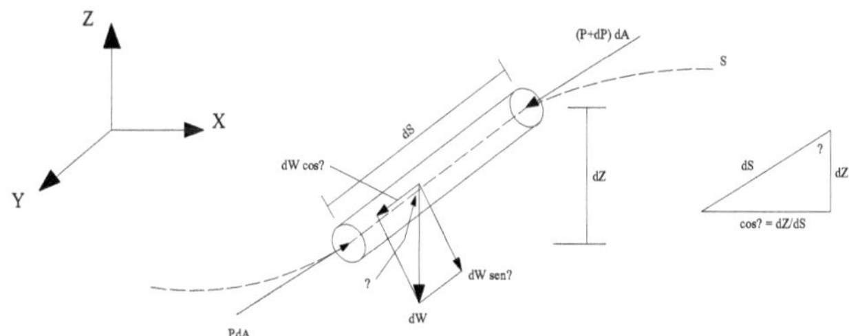

El peso es $dW = \rho\, dV = \rho g\, dA\, dS$

La masa es $dm = \rho\, dV = \rho\, dA\, dS$

y la componente del peso en la dirección tangencial es:

$$dW\ cos\theta = \rho g\ dA\ dS \cos\theta$$

$$dW\ cos\theta = \rho g\ dA\ \frac{dZ}{dS}$$

$$dW\ cos\theta = \rho g\ dA\ dZ$$

Aplicando la segunda ley de Newton en dirección S: ΣF = m a

$$\Sigma F = PdA - (P + dP)dA - \ \rho g dA dZ = (\rho dAds)a \qquad (4.9)$$

$$PdA - pdA - dPdA - \ \rho g dA dZ = (\rho dAdZ)a$$

Eliminando P dA, sustituyendo la aceleración por $a = \frac{v\,dv}{ds}$ y despejando tenemos:

$$-dPdA - \ \rho g dA dZ - (\rho dAds)\left(v\ \frac{dv}{ds}\right) = 0$$

En donde podemos eliminar ds

$$-dPdA - \ \rho g dA dZ - \ \rho dA v dv = 0$$

Dividiendo entre $-\rho g\ dA$ queda

$$\frac{dP}{\rho g} + dZ + \frac{vdv}{g} = 0 \qquad (4.10)$$

O bien

$$\frac{dP}{\gamma} + dZ + \frac{vdv}{g} = 0 \qquad (4.11)$$

Que se conoce como la ecuación de Euler para una línea de corriente

Integrando entre dos puntos cualesquiera de la línea de corriente obtenemos:

$$\frac{1}{\gamma}\int_{P1}^{P2} dP \;+\; \int_{Z1}^{Z2} dZ \;+\; \frac{1}{g}\int_{v1}^{v2} v dv \;=0 \qquad (4.12)$$

Integrando tenemos:

$$\frac{1}{\gamma}\,(\mathrm{P2} - \mathrm{P1}) + \mathrm{Z2} - \mathrm{Z1} + \frac{1}{2g}(v2^2 - \;v1^2) = 0 \qquad (4.13)$$

O bien

$$\frac{P1}{\gamma} + Z1 + \frac{v1^2}{2g} = \frac{P2}{\gamma} + Z2 + \frac{v2^2}{2g} \qquad (4.14)$$

O también

$$\frac{P}{\gamma} + Z + \frac{v^2}{2g} \qquad (4.15)$$

Que es la ecuación de Bernoulli para una línea de corriente, pero que también podemos usar, en cualquiera de sus tres versiones, para un tubo de corriente finito con flujo unidimensional; es decir, cuando se consideran los valores promedio de las variables en cada sección.

Tipos de Energía en el flujo de un fluido ideal e incompresible

Cuando está en movimiento un líquido ideal posee tres tipos de energía:

1.- energía potencial de posición Ez Pts $W\ h$ Pts $m\ g\ Z$

2.- energía cinética o de velocidad $Ev\ =\ \frac{1}{2}\ m\, v^2$

3.- energía potencial de presión $Ep\ =\ \frac{P\, m}{\rho}$

Donde W es el peso; m es la masa; g es la aceleración de la gravedad; v es la velocidad; P es la presión y ρ es la densidad. los dos tipos de energía son conocidos por nosotros desde los cursos de Física elemental, la expresión de la energía de presión la deduciremos de manera sencilla como sigue.

La energía de presión *es la capacidad que tiene el fluido para hacer trabajo debido a la presión a la que está sometido.*

Para encontrar la ecuación de la energía de presión, necesitamos considerar un cilindro lleno de un líquido incompresible. El cilindro tiene en un extremo un émbolo y en el otro una tubería conectada mediante una válvula

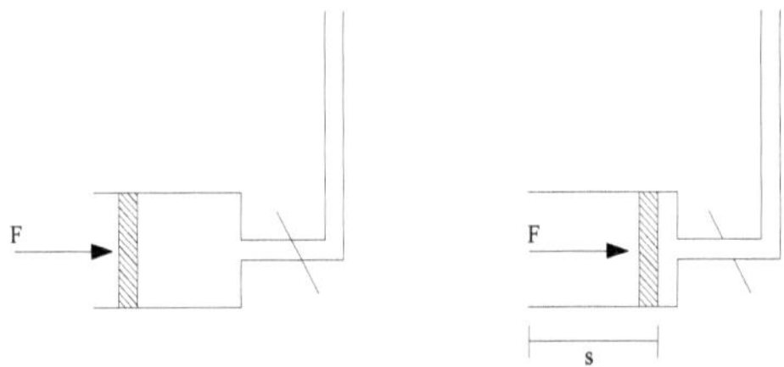

Al inicio la válvula está cerrada, de manera que al ejercerse una fuerza F sobre el pistón, la presión dentro del cilindro se incrementa. al abrir la válvula, el líquido sube por la tubería y el émbolo recorre una distancia s, precisamente por la existencia de la presión; es decir, las fuerzas de presión realizan un trabajo sobre el líquido. Entonces:

Energía de presión = trabajo realizado por las fuerzas de presión

$$Ep = FS = PAS = PV$$

Por otro lado $\rho = \frac{m}{V}$ entonces $V = \frac{m}{\rho}$ sustituyendo

$$Ep = \frac{P\,m}{\rho} \quad (4.16)$$

Que es la expresión buscada

Principio de la conservación de la energía:

Ecuación de Bernoulli. 2.- deducción

Ahora si estamos en condiciones de aplicar *el principio de la energía al flujo permanente unidimensional de un fluido ideal incompresible.* El enunciado tradicional del principio de conservación es: *"en un sistema cerrado la energía no se crea ni se destruye, solamente se transforma"*, o bien *"la suma d energías permanece constante"*. En Hidráulica es más conveniente expresarlo de la siguiente manera:

La suma de energías en la sección 1 = La suma de energías en la sección 2

E presión1 + E posición1 + E velocidad1 = E presión2 + E posición2 + E velocidad2

$$E_{p1} + E_{z1} + E_{v1} = E_{p2} + E_{z2} + E_{v2}$$

$$\frac{P1\,m}{\rho} + mgZ1 + \frac{1}{2}mv1^2 = \frac{P2\,m}{\rho} + mgZ2 + \frac{1}{2}mv^2 \qquad (4.17)$$

Como es muy difícil saber la cantidad de líquido que interviene en un fenómeno hidráulico, es preferible determinar *la energía por unidad de peso,* a esto le llamamos **energía específica**. Al dividir la ecuación anterior entre mg queda.

$$\frac{P1}{\rho g} + Z1 + \frac{v1^2}{2g} = \frac{P2}{\rho g} + Z2 + \frac{v2^2}{2g} \qquad (4.18)$$

Como $\rho g = \gamma$ también es común escribir:

$$\frac{P1}{\gamma} + Z1 + \frac{v1^2}{2g} = \frac{P2}{\gamma} + Z2 + \frac{v2^2}{2g} \qquad (4.19)$$

Las ecuaciones 4.18 y 4.19 son formas "extendidas" de la ecuación de Bernoulli para un fluido ideal incompresible que se mueve con flujo permanente y unidimensional.

de manera resumida puede escribirse

$$\Sigma H1 = \Sigma H2 = cte \quad (4.20)$$

y su enunciado es:

La suma de energías = La suma de energías
específicas en la sección 1 especificas en la sección 2

O también:

*"**la suma de energías específicas, alturas o cargas, se mantiene constante a lo largo del conducto".***

Dimensiones y Unidades de la ecuación de Bernoulli

Observemos que la ecuación 4.17 es una suma de energías, mientras que la ecn 4.19 es una suma de energías especificas. a continuación realizaremos un análisis dimensional de cada uno de los términos de ambas ecuaciones para encontrar sus unidades en los dos sistemas MKS.

En el MNKS absoluto o sistema internacional

Las unidades de la energía de presión son:

$$\frac{P\,m}{\rho} = \frac{N}{m^2}\frac{kg}{\frac{kg}{m^3}} = N\,m$$

Las unidades de la energía potencial son:

$$[m\,g\,Z1] = kg\,\frac{m}{seg^2}\,m = N\,m$$

Las unidades de la energía de velocidad son:

$$\left[\frac{1}{2}\, m\, v1^2\right] = kg\, \frac{m^2}{seg^2} = kg\, \frac{m^2}{seg^2} = N\, m$$

En el MKS técnico.

Las unidades de la energía de presión son:

$$\left[\frac{P\, m}{\rho}\right] = \frac{kg}{m^2}\frac{UTM}{\frac{UTM}{m^3}} = kg\, m$$

Las unidades de la energía potencial son:

$$[m\, g\, Z1] = UTM\, \frac{m}{seg^2}\, m = \frac{kg\, seg^2}{m}\frac{m}{seg^2}\, m = kg\, m$$

Las unidades de la energía de velocidad son:

$$\left[\frac{1}{2}\, m\, v1^2\right] = UTM\, \frac{m^2}{seg^2} = \frac{kg\, seg^2}{m}\frac{m^2}{seg^2} = kg\, m$$

Por otro lado la ecuación de Bernoulli es la suma de energías específicas (H) es decir energía por unidad de peso:

Unidades de la energía específica	MKS absoluto o internacional	MKS técnico
$[H] = \frac{FL}{F}$	$\frac{Nm}{N} = m$	$\frac{kgm}{kg} = m$

Vemos que al realizar la operación con las unidades de las energías específicas en ambos sistemas quedan unidades de longitud, de ahí que sea común referirse a los términos de la ecuación de Bernoulli como **"alturas"** o también como **"cargas",** ya que la *"altura"* de una *"columna" de líquido siempre provoca una* ***presión o carga.*** Es más, hay maneras de obtener de manera real una "altura de velocidad" mediante dispositivos sencillos.

Altura de posición

La altura de posición es la altura del conducto, o sea, la cota topográfica Z o distancia vertical medida desde un nivel de referencia hasta el conducto. Si es tubería se mide hasta su eje. Si es canal se mide hasta el fondo o plantilla del canal.

Altura de presión, Piezómetro, Línea Piezométrica

Si en una tubería por la que está circulando un líquido, hacemos un orificio lateral saldrá un chisguete debido a la presión que hay dentro del tubo, si en este orificio conectamos un tubo transparente vertical de pequeño diámetro, observaremos que el líquido sube hasta un cierto nivel, tal, que la presión generada por la columna de líquido igualará a la que existe dentro de la tubería.

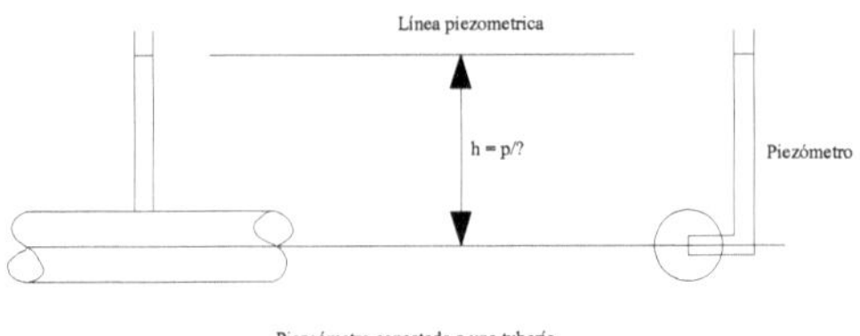

Piezoómetro conectado a una tubería

La altura h de la columna de líquido dentro de este tubo transparente, llamado ***piezómetro,*** indica la energía específica de presión dentro de la tubería principal.

$$h = \frac{P}{\gamma}$$

Es decir, la energía específica de presión es igual a la altura h del líquido dentro del piezómetro. Nótese que al despejar la presión P = γ h obtenemos la ecuación de la presión hidrostática.

Si a lo largo de una tubería se colocan varios piezómetros, se puede unir la superficie libre del líquido dentro de cada uno, mediante una línea imaginaria, a esta línea se le llama línea piezométrica y nos indica el valor de la energía específica de presión, en cada sección de la tubería.

Altura de velocidad. Tubo de Pittot

De manera similar, podemos ver la ***altura de velocidad, carga de velocidad*** o mejor dicho ***la energía específica de velocidad.*** Para ello colocamos dentro de la tubería principal un pequeño tubo transparente, doblado en ángulo recto, en forma de “L”, de manera que la base de la L esté enfrentada a la corriente. Este tubo se llama tubo de Pittot

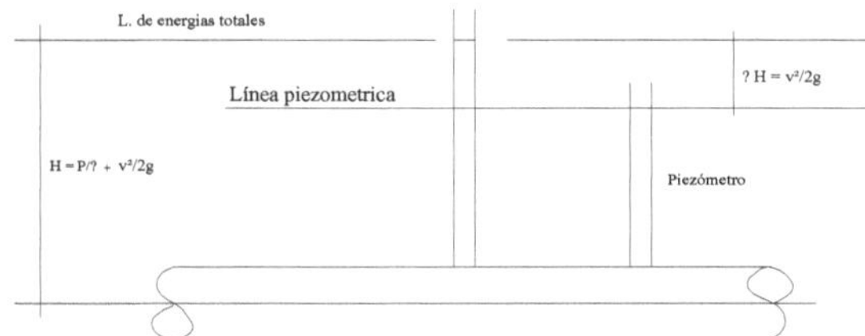

Tubo de Pittot para ver y medir la altura de velocidad

Observamos que el líquido sube por el tubo de Pittot hasta un nivel superior al que alcanza dentro del piezómetro, la diferencia de altura entre los meniscos de los tubos representa la altura o carga de velocidad.

Observemos también, que *la altura de la columna de líquido en el tubo de Pittot es la suma de alturas de presión y velocidad,* de manera que *el menisco dentro del tubo de Pittot* señala *el* ***nivel de la energía total*** *en esa sección.* De manera que, si colocamos varios tubos de Pittot a lo largo de una tubería y unimos imaginariamente con una línea los meniscos estaremos definiendo **la línea de energías totales,** a lo largo de la tubería.

Representación gráfica de la ecuación de Bernoulli

Tomando en cuenta lo anterior podemos dibujar la representación gráfica de la ecuación de Bernoulli para un líquido ideal.

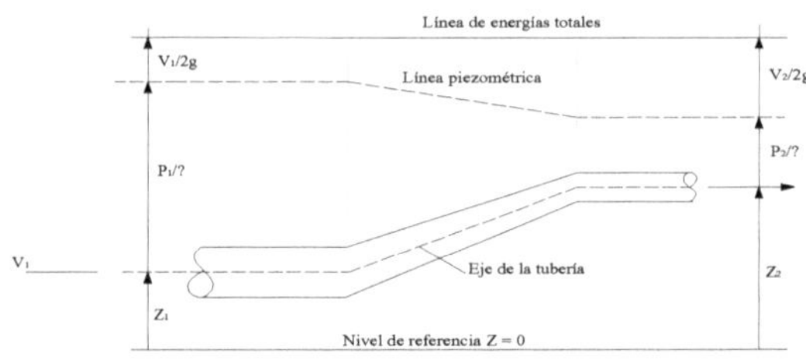

Línea de energía en una tubería con un fluido ideal

Ejercicios

Problema 4.1

Una bomba se utiliza para abastecer un chiflón que descarga directamente a las condiciones atmosféricas el agua tomada desde un deposito (como se muestra en la figura); la bomba tiene una eficiencia η = 85 % y una potencia de 5HP cuando descarga un gasto de 57 lt/seg. Determinar la línea de energía y la línea de carga piezométricas, así como también indicar los valores numéricos de las elevaciones de las dos líneas, en lugares apropiados, tomando el valor de α =1

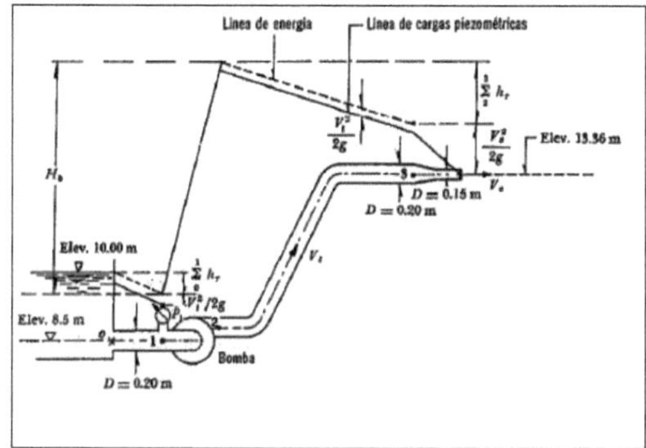

Solución:

La velocidad media en la tubería y en el chiflón; y las correspondientes cargas de velocidad son:

$$Vt = \frac{Q}{A} = \frac{0.057m^3/Seg}{(0.785)*(0.04)} = 1.814\ m/Seg$$

$$\frac{Vt^2}{2g} = \frac{(1.814^2)}{19.62} = 0.168\ m$$

$$Vc = \frac{0.057}{(0.785)*(0.0225)} = 3.226\frac{M}{Seg}$$

$$\frac{Vc^2}{2g} = \frac{(3.226^2)}{19.62} = 0.531\ m$$

Si la lectura de la presión manométrica en el punto 1 es p1= 0.05 kg/cm, la carga de presión en ese punto (inmediatamente antes de la bomba)

$$\frac{p}{\gamma} = \frac{0.05x10^4}{1{,}000} = 0.5\ m$$

De acuerdo con la ecuación 1 HP = 76 kg m/ seg, la bomba incrementa la energía del líquido en la cantidad siguiente:

$$Hb = \frac{\eta * P * 76}{\gamma * Q} = \frac{0.85 * 5 * 76}{1{,}000 * 0.057} = 5.667\ m$$

La elevación de la energía (Et) y de las cargas piezométricas (Ep) en diferentes puntos del conducto es:

Punto 0, Et = 10m

$$Ep = 10 - 0.168 = 9.832\ m$$

Punto 1

$$Et = 8.5 + 0.5 + 0.168 = 9.168\ m$$

$$Ep = 9.168 - 0.168 = 9.00\ m$$

Punto 2

$$Et = 9.168 + 5.667 = 14.835\ m$$

$$Ep = 14.835 - 0.168 = 14.667\ m$$

Punto 3

$$Et = 13.36 + \frac{Vc2}{2G} = 13.891\ m$$

$$Ep = 13.891 - 0.168 = 13.723\ m$$

Las pérdidas de energía en cada tramo de 0 a 1,

$$\sum_{0}^{1} hr = 10 - 9.168 = 0.832\ \ m$$

De 2 a 3

$$\sum_{2}^{3} hr = 14.835 - 13.891 = 0.944\ m$$

CAPÍTULO V

SIMILITUD DINÁMICA

5.1 Introducción

En la mecánica de los fluidos es posible obtener resultados a partir de un enfoque dimensional del flujo de fluido. Las variables involucradas en cualquier situación física real pueden ser agrupadas en un cierto número de grupos adimensionales independientes los cuales permiten caracterizar un fenómeno físico.

La caracterización de cualquier problema mediante grupos adimensionales, se lleva a cabo mediante un método denominado análisis dimensional.

El uso de la técnica de análisis dimensional adquiere relevancia sobre todo en la planificación de experimentos y presentación de resultados en forma compacta; sin embargo se utiliza con frecuencia en estudios de tipo teórico.

Esencialmente, la similitud dinámica permite relacionar los datos medidos en un modelo experimental con la información requerida para el diseño de un prototipo a escala real. Al proporcionar las leyes de escala correspondientes, cuyo componente principal es la similitud geométrica y la igualdad de los parámetros adimensionales que caracterizan el objeto de estudio, entre modelo y prototipo.

Sin embargo debe quedar claro que la técnica de similitud dinámica no puede predecir que variables son importantes ni permite explicar el mecanismo involucrado en el proceso físico. Si no es con ayuda de las pruebas experimentales. Pese a ello constituye una valiosa para el ingeniero mecánico.

5.2 Aspectos generales

En mecánica de fluidos el riguroso tratamiento matemático de los problemas, con base exclusivamente en los métodos analíticos, no siempre permite llegar a la solución completa, a menos que se planteen hipótesis simplificatorias que, además de restar generalidad a la solución, pueden llegar a falsear los resultados a tal grado que no tengan relación alguna con el comportamiento real del fenómeno. Por otra parte, debido a la variedad de problemas, muchas veces resulta difícil establecer las condiciones de frontera previas a cualquier solución matemática.

Los *modelos hidráulicos* han encontrado creciente aplicación para controlar y modificar diseños analíticos de estructuras hidráulicas. Mediante el uso de modelos físicos es posible experimentar a costos relativamente bajos y con económicas substanciales de tiempo, hasta obtener condiciones óptimas.

Lo anterior en ningún caso significa que una técnica substituya a la otra. Sería un error suponer que una serie de resultados y de reglas sencillas obtenidas de la investigación experimental supla un tratamiento racional del mismo, pudiendo ocurrir que dichos resultados tuvieran validez solo en el intervalo de valores para el cual se efectuaron las mediciones. Además, aun cuando fuera posible hacer un estudio exhaustivo del fenómeno, resulta necesario tomar en consideración una serie de factores de índole apreciativa que limitan la extrapolación y generalización de las respuestas.

La adecuada combinación del análisis matemático y la verificación experimental permite superar esos obstáculos, restringiendo las hipótesis a aquellas cuya experiencia y razonamiento físico han mostrado no tener serios efectos sobre las características esenciales del fenómeno.

Por otra parte, la mecánica de fluidos emplea los principios del *análisis dimensional*para incorporar las variables, que la experiencia ha demostrado como esenciales, en una expresión adimensional básica, sistemática y matemáticamente ordenada; asimismo, toda vez que sea posible se desarrolla, al menos aproximadamente, la interrelación funcional de los diferentes miembros de esta expresión. Una investigación en este sentido representaría un trabajo formidable casi imposible de realizar; sin embargo, una planeación adecuada de las combinaciones de las diversas variables que ocurren en cada problema permite llegar a generalizaciones realmente extraordinarias con el menos esfuerzo, costo y tiempo; muchas veces con una presentación muy simple.

La técnica seguida para encontrar las combinaciones posibles se apoya en el empleo de parámetros adimensionales formados con las diferentes variables del problema, que permite la transposición de los resultados de un modelo físico a la estructura real. La teoría de la similitud que satisface esta necesidad fue establecida por Kline: “Si dos sistemas obedecen al mismo grupo de ecuaciones y condiciones gobernantes, y si los valores de todos los parámetros y las condiciones se hacen idénticas, los dos sistemas deben de exhibir comportamientos similares con tal de que no exista una solución única para el grupo de ecuaciones y condiciones".

En general, la similitud va más allá de los aspectos superficiales de similitud geométrica, con la cual erróneamente se confunde; aquella debe entenderse como la correspondencia conocida y usualmente limitada entre el comportamiento de flujo estudiado en el modelo y el flujo real, con similitud geométrica o sin ella. La similitud rara vez es perfecta debido a que comúnmente es imposible satisfacer todas las condiciones requeridas para lograrla.

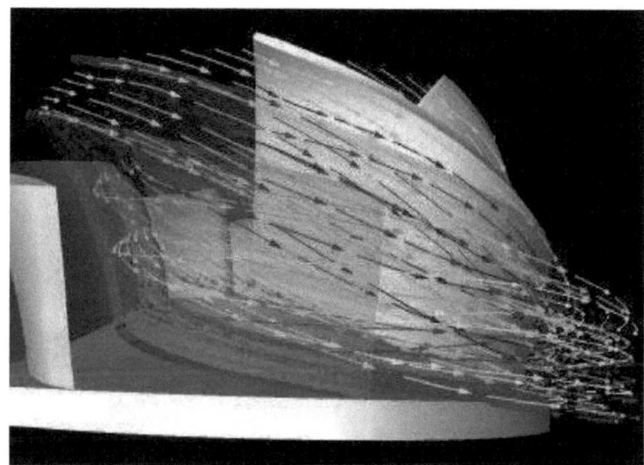

Fig. 5.1 Similitud dinámica entre dos flujos del modelo y el prototipo

5.3 Similitud geométrica

La similitud geométrica implica, de un modo estricto, que sea igual la relación de todas las longitudes homologas en los dos sistemas. Esto es, si dentro de los flujos ciertas dimensiones se seleccionan y, además, se designa con p al prototipo y con m al modelo (como se muestra en la figura) la similitud geométrica significaría, por ejemplo, que $le = \frac{Hp}{Hm} = \frac{Bp}{Bm} = \frac{Sp}{Sm} = \cdots$ donde *le* es la *escala de líneas* que cuantifica el tamaño relativo de los dos sistemas.

Una consecuencia de la similitud geométrica exacta es que la relación de áreas y volúmenes en ambos sistemas se puede expresar en términos del cuadrado y del cubo de *le*, esto es:

$$Ae = \frac{Ap}{Am} = le^2$$

$$Ve = Ae\, le = \frac{vp}{vm} = le^3$$

En algunos casos, es factible que la similitud geométrica exista sólo en lo que se refiere a las dimensiones sobre planos horizontales y las dimensiones verticales pueden quedar distorsionadas con otra escala de líneas (como es el caso de los modelos de ríos o de puertos) donde conservar la misma escala de líneas en las tres direcciones significaría tener tirantes muy pequeños en los modelos.

5.4 Leyes de similitud

El primer parámetro de los obtenidos se llama número de Euler y rige en aquellos fenómenos donde son preponderantes los cambios Δp de las presiones. Con $\rho = \gamma/g$ y $h = \Delta p/\gamma$, se escribe comúnmente así:

$$Eu = \rho \frac{v^2}{\Delta p} = \frac{v^2}{gh} \qquad ecn. 5.1$$

Parámetro que tiene importancia en fenómenos de flujo ocasionados por un gradiente de presiones donde la densidad y la aceleración del fluido intervienen primordialmente en el fenómeno y las fuerzas viscosas pierden importancia; es decir, el movimiento depende de la forma del flujo, con una configuración prácticamente invariable de las líneas de corriente. Esto ocurre en problemas de flujo a presión como en las tuberías, orificios, válvulas, compuertas, distribución local de presiones sobre un obstáculo, etc.

El segundo número se llama de *Reynolds* y se acostumbra a escribir:

$$Re = \frac{v\, l}{\vartheta} \qquad ecn. 5.2$$

Es válido en aquellos flujos a poca velocidad donde las fuerzas viscosas son más importantes. Un número de Reynolds grande indica una preponderancia marcada de las fuerzas de inercia sobre las viscosas, como -por ejemplo- el flujo turbulento, en que la viscosidad tiene escasa importancia y el fenómeno depende sólo del número de Euler. Cuando éste es pequeño, pero la viscosidad es importante, el fenómeno depende de ambos números.

El número de Reynolds se usa a menudo como el criterio de semejanza en la prueba de modelos de naves aéreas, cuerpos sumergidos en un flujo, medidores de gasto, transiciones en conductos, etc.

El tercer número se llama de *Froude* y en general se representa como la raíz cuadrada de la relación de fuerzas, es decir:

$$Fr = \frac{v}{\sqrt{g\,l}} \qquad ecn.\,5.3$$

El número de Froude tiene importancia en flujos con velocidades grandes que ocurren por la acción exclusiva de la gravedad; tal es el caso del flujo turbulento a superficie libre, donde los efectos viscosos son despreciables. A medida que aumenta el número de Froude, mayor es la reacción inercial de cualquier fuerza; la fuerza gravitacional. Cuando el flujo es horizontal, la acción del peso desaparece y con ella la influencia del número de Froude.

Sistemas a presión. En este caso, los cambios de presión se deben a una combinación de los efectos dinámicos producidos por la aceleración, viscosidad y gravedad. En el caso común de un flujo de densidad constante, el efecto de gravedad es una distribución de presiones hidrostáticas, superpuesta a una presión variable debida a otros efectos, de ahí que el número de Reynolds sea el más importante y deba ser igual en modelo y prototipo, esto es:

$$\frac{vp\ lp}{\vartheta p} = \frac{vm\ lm}{\vartheta m}$$

o bien

$$\frac{ve\ le}{\vartheta e} = 1 \qquad ecn.\,5.4$$

donde ve es la escala y ϑe de viscosidad cinemática; resulta entonces lo siguiente:

$$ve = \frac{\vartheta e}{le} = \frac{\mu e}{\rho e\ le} \qquad ecn.\,5.5$$

La de escalas de tiempos es:

$$te = \frac{le}{ve} = \frac{le^2}{ve^2} \qquad ecn. 5.6$$

La de aceleraciones:

$$ae = \frac{ve}{te} = \frac{ve^2}{le^2} = \frac{\mu e^2}{\rho e^2\, le^3} \qquad ecn. 5.7$$

La de fuerzas viscosas:

$$Fe = me\, ae = \rho e\, le^3 \frac{\mu e^2}{\rho e^2\, le^3} = \frac{\mu e^2}{\rho e} \qquad ecn. 5.8$$

y, por último, la de presiones es:

$$Pe = \frac{Fe}{Ae} = \frac{\mu e^2}{\rho e\, le^2} \qquad ecn. 5.9$$

Problema 5.1. Un dispositivo de investigación se encuentra sostenido por una barra cilíndrica de 0.15 m de diámetro, la cual a su vez está sujeta a una lancha y sumergida verticalmente en aguas profundas a 15°C, donde la velocidad, por el movimiento de la lancha, alcanza 3 m/seg. Se desea determinar la fuerza de resistencia en la barra (inducida por el movimiento) con un modelo geométricamente similar, de 0.03 m de diámetro, en un túnel de viento de presión variable, donde es posible lograr velocidades hasta de 30 m/seg, a una temperatura de 15°C.

Solución: Suponiendo que el túnel de viento se opera a 30 m/seg, se puede obtener la densidad del aire, requerida por la condición de que el número de Reynolds sea igual en los dos sistemas. Para la temperatura de 15°C las escalas viscosidad de ambos fluidos, de velocidades y de líneas son, respectivamente:

$$\mu e = \frac{\mu p}{\mu m} = \frac{1.18 * 10^{-4}}{2.0 * 10^{-6}} = 0.59 * 10^2$$

$$ve = \frac{vp}{vm} = \frac{3}{30} = 0.10$$

$$le = \frac{lp}{lm} = \frac{0.15}{0.03} = 5$$

Por lo tanto, de la ecuación 5.5 resulta:

$$\rho e = \frac{\mu e}{ve\ le} = \frac{59}{0.1 * 5} = 118$$

Debido a que la densidad del aire es ρ_p = 101.87 kg seg^2/m^4, la del aire debe ser

$$\rho m = \frac{101.87}{118} = 0.8633\ kgseg^2/m^4$$

Como la densidad del aire a presión atmosférica estándar es 0.125 kg seg^2/m^4, el túnel debe controlarse con una presión de 6 atm, aproximadamente, para alcanzar la densidad deseada.

De la ecn. 5.8 la escala de fuerza es:

$$Fe = \frac{59^2}{118} = 29.5$$

La fuerza de resistencia en prototipo será entonces:

$$Fp = 29.5\ Fm$$

CAPÍTULO VI

ANÁLISIS DIMENSIONAL

6.1 Introducción

Toda cantidad física tiene unidades características. El reconocimiento de tales unidades y sus combinaciones se conoce como análisis dimensional.

Cualquier observación directa de la naturaleza, ordinariamente se puede relacionar con la magnitud de la cantidad física medida; cuando dicha magnitud depende de la unidad elegida, se dice que la cantidad tiene dimensiones: fundamentales o derivadas. Si entre las dimensiones de las magnitudes físicas –factibles de medirse- algunas se eligen como fundamentales (esto es, independiente de cualquier otra), entonces las restantes se puede expresar en términos de estas dimensiones fundamentales y adquieren el nombre de dimensiones derivadas.

La longitud y el tiempo son considerados como fundamentales en todos los sistemas dimensionales en la Mecánica. En algunos de éstos la masa se considera dimensión fundamental y la fuerza como dimensión derivada; en otros sistemas se adopta lo contrario. Existe en ingeniería una gran variedad de sistemas de unidades de medida, pero los indicados a continuación son los más comúnmente usados.

6.2 Sistemas de unidades

Las magnitudes físicas se cuantifican en términos de las dimensiones fundamentales y, para ello, se utilizan dos sistemas de unidades de medida: *absoluto y gravitacional.* En el primer sistema las dimensiones fundamentales son masa, longitud, tiempo [M, L, T]; en el segundo, fuerza, longitud, tiempo [F, L, T]. En lo que sigue se utilizará la notación [ ] para indicar las dimensiones fundamentales usadas para medir una magnitud física.

El sistema gravitacional [F, L, T] –llamada también *técnico-* es el más utilizado en los problemas de ingeniería, a pesar de que el peso de un cuerpo representa una fuerza que varía de un lugar a otro de acuerdo con la aceleración de la gravedad. Por el contrario, la masa de un cuerpo es siempre constante y por esta razón el sistema absoluto [M, L, T] ha sido elegido como el sistema científico internacional.

Para relacionar las unidades de medida entre los sistemas absoluto y gravitacional, se usa la segunda Ley de Newton del movimiento:

$$F \sim M\, a$$

O bien,

$$F = \frac{M}{gc}\, a \qquad ecn. 6.1$$

Donde a es la aceleración $[L, T^{-2}]$ y gc es un factor de conversión, entre las distintas unidades, que tiene dimensiones dependientes de las elegidas para la masa, fuerza, longitud y tiempo. No tiene relación alguna con la aceleración estándar de la gravedad, pues su magnitud y dimensiones dependen del sistema de unidades que se elija. Para establecer las unidades de medida se emplean diferentes convenciones que pueden agruparse en dos grandes sistemas: el métrico y el inglés, los cuales pueden ser absolutos o gravitacionales. Dentro del sistema de unidades métricas hay cuatro sistemas básicos en la Mecánica.

Sistema MKS absoluto. Las unidades fundamentales son el metro (m) para la longitud, el kilogramo masa (kg_m) para la masa, y el segundo (seg) para el tiempo. La unidad derivada para la fuerza es el newton (N) definido como la fuerza que es aplicada sobre 1 kg_m –le produce una aceleración de 1 m/seg^2.

De acuerdo con esta definición, en la ecuación 6.1 se tiene que:

$$[1\, N] = \frac{1}{gc}[1\, kgm][1\, m/seg^2]$$

dónde:

$$gc = 1\, \frac{kgm\, m}{N\, seg^2}$$

y, de la definición resulta:

$$1\, N = 1\, kgm\, \frac{m}{seg^2} \qquad ecn. 6.2$$

Sistema MKS gravitacional. Las unidades fundamentales son el metro (m) para la longitud, el kilogramo fuerza (kg) para la fuerza, y el segundo (seg) para el tiempo. La unidad derivada de masa el kg_m que adquiere la aceleración gravitacional estándar $a = 9.80665\ m/seg^2$ cuando se le aplica una fuerza de 1 kg. De la ecuación 6.1 resulta:

$$[1\ kg] = \frac{1}{gc}[1\ kgm][9.80665\ m/seg^2]$$

por lo tanto:

$$gc = 9.80665\ \frac{kgm\ m}{kg\ seg^2}$$

y, de la definición, nos da:

$$1\ kgm = \frac{1}{9.80665}\ kg\ seg^2/m$$

$$= 0.101972\ kg\frac{seg^2}{m} \qquad ecn. 6.3$$

Combinando las ecuaciones 6.2 y 6.3, tenemos que:

$$1\ kg = 9.80665\ N$$

Sistema CGS absoluto. Las unidades fundamentales son el centímetro (cm) (1 cm = 10^{-2} m) para la longitud, el gramo masa $(gm)(1\ gm = 10^{-3})$ para la masa, y el segundo (seg) para el tiempo. La unidad derivada para la fuerza es la dina, fuerza que –aplicada sobre un gm- le imparte una aceleración de 1 cm/seg^2. De acuerdo con esta definición, en la ecuación 6.1 se tiene:

$$[1\ dina] = \frac{1}{gc}[1\ gm][1\ cm/seg^2]$$

Por lo tanto:

$$gc = 1\ \frac{gm\ cm}{dina\ seg^2}$$

Entonces:

$$1\ dina = 1\ \frac{gc\ cm}{seg^2} \qquad ecn. 6.4$$

Sistema CGS gravitacional. Las unidades fundamentales son el centímetro (cm) para la longitud, el gramo fuerza (g) (1 g = 10^{-3} kg) para la fuerza, y el segundo (seg) para el tiempo. La unidad derivada para la masa es el (g_m) que, al aplicarle la fuerza de 1g, adquiere la aceleración gravitacional estándar $a = 980.665\ cm/seg^2$ cuando se le aplica una fuerza de 1 g. De la ecuación 6.1 resulta:

$$1\ g = \frac{1}{gc}\ gm * 980.665\ cm/seg^2$$

La constante gc en este sistema es:

$$gc = 980.665\ \frac{gm\ cm}{g\ seg^2}$$

y, de la definición, nos da:

$$1\ gm = \frac{1}{980.665}\ g\frac{seg^2}{m} \qquad ecn. 6.5$$

Por comparación de las ecuaciones 6.4 y 6.5 resulta entonces:

$$1\ kg = 980.665\ dinas$$

Dentro del sistema de unidades inglesas existen tres sistemas básicos de unidades usados en la Mecánica, cuyo análisis se puede hacer en la misma forma que el de los sistemas de unidades métricas presentados anteriormente. En la tabla 6.1 se presenta una síntesis de los sistemas antes mencionados.

Cuando la magnitud física es muy grande o muy pequeña, respecto de la unidad de medida, se suelen adoptar unidades proporcionales a las antes indicadas anteponiendo, al nombre de la unidad de medida, los términos que a continuación se indican. La unidad se aumenta o disminuye de acuerdo con el factor de proporcionalidad que aparece a la derecha del término usado:

G = Giga -------------- (10^9)

M = Mega ------------(10^6)

k = kilo ----------------(10^3)

d = deci----------------(10^{-1})

c = centi----------------(10^{-2})

m = mili-----------------(10^{-3})

por ejemplo:

1 kilometro = 1 km = 10^3 m

1 kilonewton = 1 kN = 10^3 m

1 megawatt = 1 MW = 10^6 m

Por lo que respecta a la medida de la temperatura [T], en el sistema métrico se utiliza la escala centesimal, cuya unidad es el grado centígrado (° C); en el sistema inglés la escala es de grados Fahrenheit (° F). La conversión para ambas escalas es la siguiente:

$$°\mathrm{F} = \frac{9}{5}(°\mathrm{C} + 32)\ (grados\ Farenheit)$$

$$°\mathrm{C} = \frac{5}{9}(°\mathrm{F} -\ 32)\ (grados\ centígrados)$$

La aceleración gravitacional en un punto sobre la Tierra varía con su latitud geográfica Φ y con su elevación h, en metros sobre el nivel del mar, de acuerdo con la siguiente ley:

$$g = 9.781\ (1 + 0.00524\ sen^2\ \Phi) * (1 - 0.000000315h)\ en\ m/seg^2$$

El valor estándar de g es 9.80665 m/seg^2, determinada al nivel del mar y a 45° de latitud geográfica. En el observatorio de Tacubaya, D.F., g = 9.779 m/seg^2 y, para uso práctico, se puede considerar que en la República Mexicana g = 9.8 m/seg^2.

En el sistema inglés la aceleración gravitacional estándar es g = 32.174 pies/seg

Tabla 6.1 Sistema de unidades

Sistema	Longitud (m)	Masa (M)	Fuerza (F)	g_c
MKS absoluto	metro (m)	kilogramo masa (kg_m) (fundamental)	Newton (N) (derivada)	$1 \frac{kgm\ m}{N\ seg^2}$
MKS gravitacional	metro (m)	$kgseg^2/m$ (derivada)	kilogramo fuerza (kg) (fundamental)	$9.80665 \frac{kgm\ m}{kg\ seg^2}$
CGS absoluto	centímetro (cm)	gramo masa (g_m) (fundamental)	dina (derivada)	$1 \frac{gm\ m}{dina\ seg^2}$
CGS gravitacional	centímetro (cm)	$gseg^2/m$ (derivada)	gramo fuerza (g) (fundamental)	$980.665 \frac{gm\ cm}{g\ seg^2}$
Inglés absoluto	pie	libra masa (lb_m) (fundamental)	poundal (pdl) (derivada)	$1 \frac{lbm\ pie}{pdl\ seg^2}$
Inglés gravitacional	pie	slug (derivada)	libra fuerza (lb) (fundamental)	$1 \frac{slug\ pie}{lb\ seg^2}$
Inglés ingeniería	pie	libra masa (lb_m) (fundamental)	libra fuerza (lb) (fundamental)	$32.174 \frac{lbm\ pie}{lb\ seg^2}$

Problema 6.1

Determinar el peso W de un cuerpo cuya masa es de 1 kg_m, en un punto sobre la Tierra donde la aceleración gravitacional es $g = 9.144\ m/seg^2$.

Solución. De la ecuación 6.1, tenemos que:

$$W = \frac{1}{gc} Mg$$

Para el sistema MKS gravitacional, $g_c = 9.80665\ kg_m\ m/kg\ seg^2$ y, entonces:

$$W = \frac{1}{9.80665 \frac{kgm\ m}{kg\ seg^2}} * (1\ kgm)\left(9.144 \frac{m}{seg^2}\right)$$

Por lo tanto:

$$W = 0.9324\ \text{kg}$$

Esto significa que cuando el kg_m se suma en un punto sobre la Tierra para el cual no corresponde la aceleración gravitacional estándar, su peso no es de 1 kg. Observamos que mientras g_c es una constante (no una aceleración), la aceleración gravitacional g varía según el lugar considerado sobre la Tierra.

Para medir otras magnitudes físicas se utilizan unidades derivadas de los sistemas antes mencionados; algunos se indican en seguida.

La unidad del trabajo mecánico o de la energía, en el sistema MKS absoluto, es el joule (J), que vale:

$$1\,J = 1\,N\,m = 1\,kgm\,m^2/seg^2$$

$$= 0.101972\,kg\,m$$

en el gravitacional:

$$1\,kg\,m = 9.80665\,J = 9.80665\,N\,m$$

$$= 9.80665\,kgm\,m^2/seg^2$$

el equivalente mecánico del calor es la kilocaloría, a saber:

$$1\,kcal = 42.935\,kg\,m \;\approx 427\,kg\,m$$

$$1\,kcal = 4186.8\,J \;\approx 4187\,N\,m$$

$$1\,N\,m = 1\,J = 0.23884\;\times 10^{-3}\,kcal \;\approx$$

$$\approx 0.239\;\times\;10^{-3}\,kcal$$

o bien, el kilojoule cuya equivalencia es:

$$1\,kJ = \;10^3\,J = 101.972\,kg\,m = 0.239\,kcal$$

Para la potencia en watts (W) o en kilowatts (kW), tenemos:

$$1\,W = 1\frac{J}{seg} = 1\,N\,m/seg$$

$$= 1\,kgm\,m^2/seg^3$$

$$= 0.1019716\,kg\,m/seg$$

$$1\,kW = 10^3\,W = 1\,kJ/seg^2$$

$$= 10^3\,kgm\,m^2/seg^3$$

$$= 101.9716\,kg\,m/seg$$

CAPÍTULO VII

ORIFICIOS Y COMPUERTAS

7.1 Aspectos generales

Denominamos orificio, en hidráulica, a una abertura de forma regular, que se practica en la pared o el fondo del recipiente, a través del cual eroga el líquido contenido en dicho recipiente, manteniéndose el contorno del orificio totalmente sumergido.

A la corriente líquida que sale del recipiente se le llama vena líquida o chorro.

Si el contacto de la vena líquida con la pared tiene lugar en una línea estaremos en presencia de un orificio en pared delgada. Si el contacto es una superficie se tratará de un orifico en pared gruesa (más delante se precisará con más detalle el concepto).

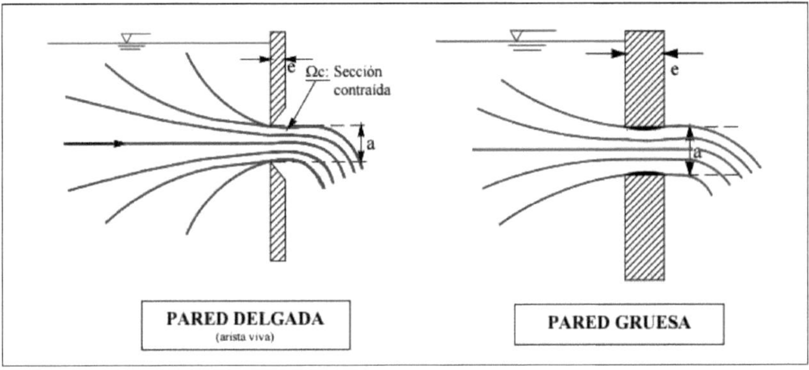

Figura 7.1 Orificios en pared gruesa y delgada

7.2 Ecuación general de los orificios

Considere un recipiente lleno de un líquido, cuya pared lateral se ha practicado un orificio de pequeñas dimensiones (en comparación con su profundidad H) y cualquier forma, además de un área A. el orificio descarga un gasto Q cuya magnitud se desea calcular, para lo cual se supone que el nivel del agua en el recipiente permanece constante por efecto de la entrada de un gasto idéntico al que sale; o bien porque posea un volumen muy grande. Además, el único contacto entre el líquido y la pared debe ser alrededor de una arista afilada como se muestra en la figura 6.1; esto es, el orificio es *depared delgada.* Las partículas de líquido en la proximidad del orificio se mueven aproximadamente en dirección al centro del mismo, de modo que, por efecto de su inercia, la deflexión brusca que sufren produce una contracción del chorro, la cual se alcanza en la sección 2. A esta sección se le llama *contraída* y tiene un área *Ac* inferior al área A del orificio. En ella las velocidades de las partículas son prácticamente uniformes y con valor medio *V.*

Suponiendo un plano de referencia que coincida con el centro de gravedad del orificio, la aplicación de la ecuación de Bernoulli (   ) entre las secciones 1 y 2 de una vena líquida, además de considerar despreciable la velocidad de llegada al orificio, conduce a la expresión:

$$H = \frac{V^2}{2g}$$

donde se ha despreciado el desnivel entre los centros de gravedad del orificio y de la sección contraída. De aquí se obtiene:

$$V = \sqrt{2g\,H} \qquad ecn. 7.1$$

La ecuación se llama Torricelli y puede también obtenerse de la ecuación de Bernoulli entre dos puntos: uno dentro del recipiente y otro en el centro de gravedad de la sección contraída. Esto es, la ecn. 7.1 sigue una ley parabólica con la profundidad y en este caso la velocidad media V, se calcula con la profundidad media del orificio y corresponde a su centro de gravedad, no obstante que las velocidades de las partículas arriba de este punto son menores y, abajo, mayores. Esto tendrá por supuesto mayor validez a medida que la dimensión transversal, no horizontal, del orificio sea mucho menor que la profundidad H del mismo. Es más los resultados obtenidos de la ecn. (6.1) concuerdan con los obtenidos experimentalmente sólo si se corrigen, mediante un coeficiente *Cv* llamado coeficiente de velocidad, en la forma:

$$V = Cv\,\sqrt{2g\,H} \qquad ecn. 7.2$$

Donde *Cv,* es un coeficiente sin dimensiones muy próximo a 1, es de tipo experimental y además corrige el error de no considerar en la ecn. (7.1), tanto la pérdida de energía Δhr, como los coeficientes α_1 y α_2.

Si el área contraída se calcula en términos del orificio, por medio de un coeficiente Cc llamado de contracción (también sin dimensiones), en la forma:

$$Ac = Cc\,A$$

El gasto descargado por el orificio es entonces

$$Q = Cv\,Cc\,A\sqrt{2g\,H} \qquad ecn. 7.3$$

o bien, con Cd = Cv Cc (coeficiente de gasto), el gasto se calcula finalmente con la ecuación general de un orificio de pared delgada, a saber:

$$Q = Cd\,A\sqrt{2g\,H} \qquad ecn. 7.4$$

Conviene aclarar que en las dimensiones anteriores se consideró H como el desnivel entre la superficie libre y el centro de gravedad del orificio. Esto resultó de suponer que era despreciable la velocidad de llegada del orifico y que la presión sobre la superficie libre corresponde a la atmosférica a la atmosférica. Cuando ello no acontece, H corresponde a la energía total; esto es, a la suma de la profundidad del orificio, de la carga de velocidad de llegada y de la carga de presión sobre la superficie del agua:

$$E = H + \frac{Vo^2}{2g} + \frac{Po}{\gamma} \qquad ecn. 7.5$$

6.3 Coeficientes de velocidad, contracción y gasto, en orificios de pared delgada

Los coeficientes de velocidad, contracción y gasto en un orificio, son básicamente experimentales. Sin embargo, en teoría es posible encontrar la magnitud del coeficiente de gasto para un orificio circular a partir de la ecuación de la cantidad en movimiento aplicada sobre un volumen de control limitado por la frontera del chorro en contacto con el aire, la sección contraída y, dentro del recipiente, por una superficie semiesférica de radio igual al del orificio figura (7.2). Para hacer lo anterior, se designa como $v1$ la velocidad de una partícula sobre la semiesfera de radio R, trazada en la figura 7.2, cuya dirección es radial al centro de la semiesfera.

En la tabla7.1 se presentan los valores de Cc y Cd calculados de la ecuación (7.6), para diferentes valores de Cv y de la definición de Cd.

$$Cc = 2 - \sqrt{4 - \frac{2}{Cv^2}} \qquad ecn. 6.6$$

Cv	1	0.99	0.98	0.97	0.96	0.95
Cc	0.586	0.60	0.615	0.631	0.647	0.664
Cd	0.586	0.594	0.603	0.612	0.621	0.631

Tabla 6.1 Coeficientes de gasto

Mediante un análisis dimensional se comprueba que los coeficientes de velocidad, contracción y gasto, son función exclusivamente del número de Reynolds. De acuerdo con los resultados de diferentes investigadores, para orificios circulares sus valores tienen la variación mostrada en la figura 7.2. se observa que para números de Reynolds Re > 10^5, los coeficientes Cv, Cc y Cd son independientes del dicho número y adquieren los valores constantes siguientes:

$$Cv = 0.99$$

$$Cc = 0.605$$

$$Cd = 0.60$$

De la tabla 7.1 se tiene que para $Cv = 0.99$, la ecuación (7.6) proporciona los valores $Cc = 0.60$ y $Cd = 0.594$ que coinciden prácticamente con los coeficientes experimentales arriba señalados.

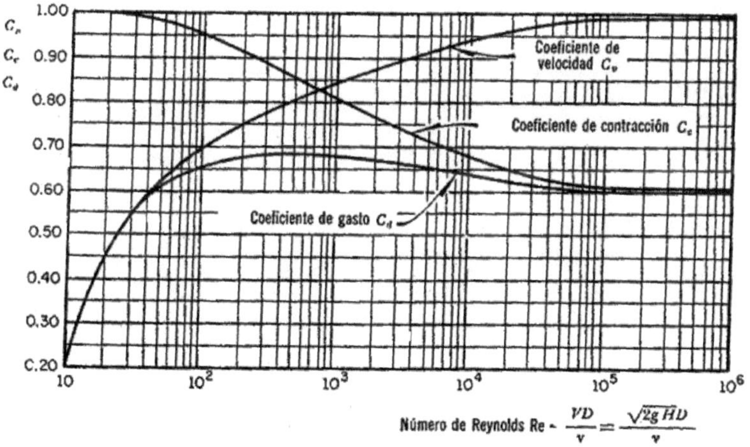

Figura 7.2 Variación de los coeficientes de velocidad, contracción y gasto con el número de Reynolds en un orificio circular

CAPÍTULO VIII

Vertedores

8.1 Introducción

Cuando la descarga de un líquido se efectúa por encima de un muro o una placa ya superficie libre, la estructura hidráulica en la que ocurre esta descarga se llama Vertedor. Este puede presentar diferentes formas según las finalidades a que sedestine. Así, cuando la descarga se efectúa sobre una placa con perfil decualquier forma, pero con arista aguda, el vertedor se llama de pared delgada; por el contrario, cuando el contacto entre la pared y la lámina vertiente es más bien toda una superficie, el vertedor es de pared gruesa. Este informe tiene como objetivo fundamental estudiar, analizar y comparar el comportamiento de caudales tomados experimentalmente en el laboratorio en tipo de vertedero rectangular, con sus respectivos caudales teóricos.

- Por su forma. Pueden ser, entre muchas otras, vertedores rectangulares, triangulares y trapezoidales.

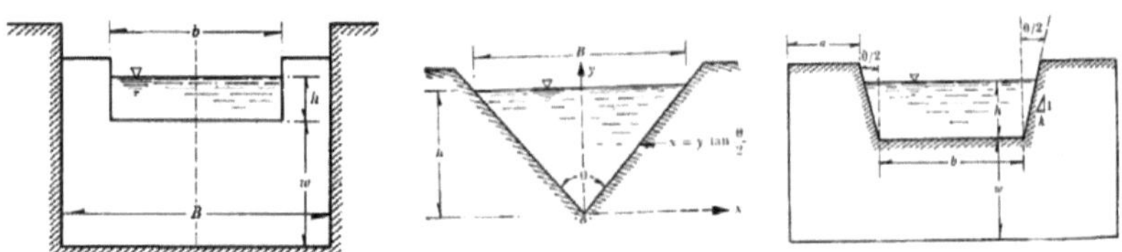

Figura 8.1Vertedor rectangular, triangular y trapezoidal.

Por el espesor de la pared. Vertedores de pared delgada: la descarga se efectúa sobre una placa con perfil de cualquier forma, pero con arista aguda. Vertedores de pared gruesa: con e > 0,5H.

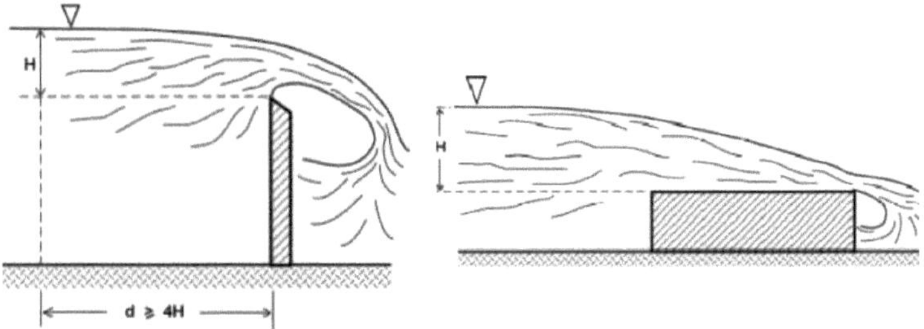

Figura 8.2Vertedor de pared gruesa y delgada.

Problema

Considérese una corriente líquida que fluye a través de un vertedero rectangular, como se muestra en la Figura, sean los puntos 0 y 1 en la superficie libre del fluido, en una sección suficientemente lejos aguas arriba del vertedero, y justo encima de la cresta, respectivamente.

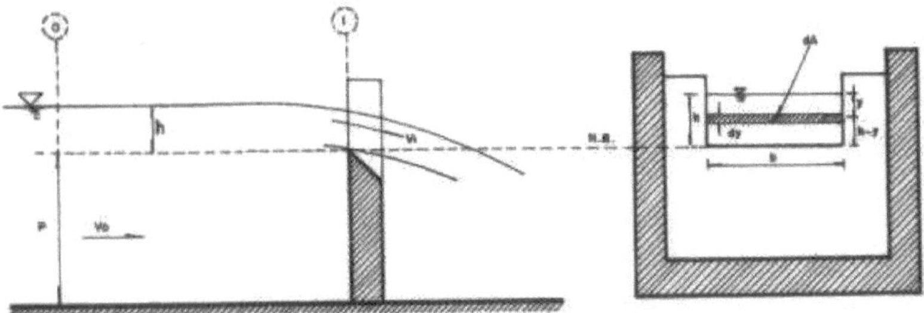

Figura 8.3vertedor rectangular con pared delgada.

Aplicando la ecuación de Bernoulli entre las secciones (0) y (1), despreciando las pérdidas de carga, se tiene:

$$Zo + \frac{Po}{\gamma} + \alpha o\,\frac{Vo^2}{2g} = Z1 + \frac{P1}{\gamma} + \alpha 1\,\frac{V1^2}{2g} \qquad ecn. 8.1$$

Reemplazando, se tiene

$$h + \frac{Patm}{\gamma} + \alpha o \frac{Vo^2}{2g} = (h - y) + \frac{Patm}{\gamma} + \alpha 1 \frac{V1^2}{2g}$$

Resultando :

$$\alpha 1 \frac{V1^2}{2g} = y + \alpha o \frac{Vo^2}{2g} \qquad ecn. 8.2$$

(

donde :

α0, α1 : coeficientes de corrección por energía cinética, de Coriolis.

v0: velocidad de aproximación del flujo, medida en una sección lo suficientemente lejos, aguas arriba del vertedero.

En la mayoría de los casos, la velocidad de aproximación, v0 , suele despreciarse por ser muy pequeña, si se le compara con v1. Además, en flujos turbulentos y uniformes, los coeficientes de Coriolis son aproximadamente iguales a la unidad; por ello, se supone que $\alpha 0 = \alpha 1 = \alpha$ Despejando la velocidad del flujo en la sección (1), justo encima de la cresta, de la ecuación (8.2), se tiene:

$$V1 = \sqrt{2gy + Vo^2} \qquad ecn. 8.3$$

De otro lado, aplicando la ecuación de conservación de masa, el caudal elemental, teórico, que fluye a través del área diferencial, dA = b dy, sobre la cresta, es:

$$dQt = V1\, dA = \sqrt{2gy + Vo^2}\ bdy$$

El caudal teórico, a través del vertedero, será:

$$Qt = \int dQt$$

$$Qt = \int_0^h (\sqrt{2gy + Vo^2})\ bdy \qquad ecn. 8.4$$

El caudal real descargado por el vertedero se obtiene introduciendo un coeficiente de descarga, Cd, el cual sirve para corregir el error de despreciar las pérdidas de carga del flujo, y tiene en cuenta, también, el efecto de la contracción de las líneas de corriente en la proximidad del vertedero y de la lámina vertiente sobre la cresta del mismo. Además, Cd es adimensional, menor que 1, y es función de la viscosidad y tensión superficial del líquido, de la rugosidad de las paredes del vertedero y del canal de acceso, de la relación h/P y de la forma geométrica de la escotadura del vertedero. Luego, el caudal real a través del vertedero será:

$$Q = Cd\, Qt$$

$$Q = Cd\, b \int_0^h (\sqrt{2gy + Vo^2})\; bdy$$

La exactitud obtenida con esta fórmula y otras análogas depende del conocimiento del valor que, en cada caso, tome el coeficiente Cd, para lo cual es preciso, ante todo, distinguir el caso en que el vertedero consista en una escotadura mucho más estrecha que el canal, y aquel otro en que, como ocurre en muchas obras hidráulicas (presas, aliviaderos, etc.) son las mismas paredes del canal, depósito o embalse, las que limitan el vertedero.

Practica: Flujo en vertedores

OBJETIVO Analizar la descarga de dos vertedores de pared delgada, uno triangular y uno rectangular, así como el funcionamiento hidráulico de ambos vertedores.

ANTECEDENTES

Concepto de gasto o caudal, Coeficientes de gasto para vertedores de pared delgada, Ecuación de gasto para vertedores de sección triangular y rectangular

DESARROLLO

Vertedor triangular

Medir las características geométricas del vertedor y del tanque aforador. Figura 8.4

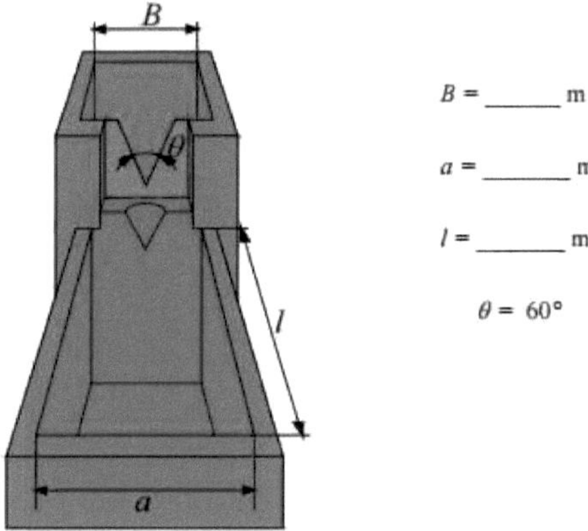

Figura 8.4vertedor rectangular con tanque aforador

2. Medir el nivel de cresta del vertedor NC, en m, con el limnímetro de gancho.

N_C = ___________ m

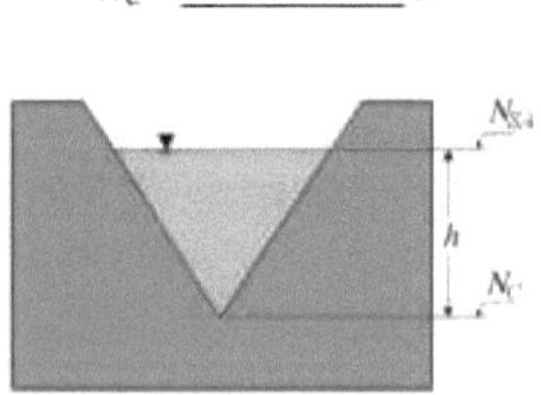

Figura 8.5vertedor triangular.

3. Establecer un gasto, medir el nivel de la superficie libre del agua NSA, en m, sobre ambos vertedores; tomar el tiempo de llenado t, en s, en el tanque de aforo para una altura fija Δz, en m. Registrar los datos en la tabla 8.1.

4. Repetir el punto anterior para un gasto más. Tabla 8.1. Vertedor triangular, vertedor rectangular y tanque aforador

Caso	Triangular N_{SA} m	Rectangular N_{SA} m	Δz m	t s
1				
2				

Tabla8.1formato de tanteo

CAPÍTULO IX

CONDUCTOS A PRESIÓN

9.1 Aspectos generales

El empleo del término tubería está limitado generalmente, en su aplicación, a los conductos cerrados que llevan agua bajo presión.

Generalmente las tuberías son de sección circular, porque esta forma combina la ventaja de resistencia estructural con la simplicidad.

En estructuras largas, la perdida por ficción es muy importante, por lo que ha sido objeto de investigaciones teórico experimental para llegar a soluciones satisfactorias de fácil aplicación.

Para estudiar el problema de la resistencia al flujo resulta necesario volver a la clasificación inicial de los fluidos laminar y turbulento. Osborne Reynolds (1883) en base a sus experimentos fue el primero que propuesto el criterio para distinguir ambos tipos de flujo mediante el número que lleva su nombre, el cual permite evaluar la preponderancia de las fuerzas viscosas sobre las de inercia. En caso de un conducto cilíndrico a presión, el número de Reynolds se define así:

$$Re = \frac{VD}{\vartheta} \qquad ecn.9.1$$

Donde V es la velocidad media, D el diámetro del conducto y v la viscosidad cinemática del fluido.

Reynolds encontró que en un tubo el flujo laminar se vuelve inestable cuando RE ha rebasado un valor crítico, para tornarse después en un turbulento, de acuerdo con diferentes investigadores el numero critico de Reynolds adquiere valores muy distintos que van desde 2,000 (determinado por el mismo Reynolds) hasta 40,000 (calculado por Eckman). De ello de deduce que dicho valor depende en mucho de los disturbios iniciales y define además un cierto límite, abajo del cual estos se amortiguan, estabilizando al flujo laminar.

Es interesante observar que, tanto el flujo laminar como el turbulento, resultan propiamente de la viscosidad del fluido por lo que en ausencia de la misma no habría distinción entre ambos.

9.2 Formula de Darcy-Weisbach

Cuando hay flujo turbulento en tuberías es más conveniente usar la ecuación de darcy para calcular la perdida de energía debido a la fricción. El flujo turbulento es caótico y varia en forma constante. Por estas razones, para determinar el valor (f) debemos recurrir a los datos experimentales.

Para un flujo permanente, en un tubo de diámetro constante, la línea de cargas piezometricas es paralela a la línea de energía e inclinada en la dirección del movimiento. En 1850 Darcy, Weisbach y otros, dedujeron experimentalmente una fórmula para calcular en un tubo la perdida por fricción:

$$hf = f\,\frac{L}{D}\frac{V^2}{2g} \qquad ecn.\,9.2$$

Dónde:

f =factor de fricción, sin dimensiones;

g = aceleración de la gravedad, en m/seg^2

hf = pérdida por fricción, en m;

D = diámetro, en m;

L = longitud del tubo en m;

V = velocidad media, en m/seg.

El factor de fricción en función de la rugosidad absoluta y del número de Reynolds Re en el tubo, esto es:

$$f = f(\varepsilon, Re)$$

Si *Sf* representa la relación entre la perdida de energía y la longitud del tubo en que esta ocurre (pendiente de fricción) también la ecuación es:

$$Sf = \frac{hf}{L} = \frac{f}{D}\frac{V^2}{2g} \qquad ecn.\,9.3$$

Poiseville, en 1846 fue el primero en determinar matemáticamente el factor de fricción en flujo laminar y obtuvo una ecuación para determinar dicho factor, que es:

$$f = \frac{64}{Re} = \frac{64}{\frac{VD}{\vartheta}} \qquad ecn. 9.4$$

La cual es válida para tubos lisos o rugosos, en los cuales el número de Reynolds no rebasa el valor crítico de 2,300.

Determinación del factor de fricción *(f)*

El coeficiente de fricción se puede deducir matemáticamente en el caso de régimen laminar, pero en el caso de flujo turbulento no se disponen de relaciones matemáticas sencillas. Una expresión explícita y ampliamente utilizada, por su pequeño margen de error, es la ecuación de Swamee y Jain:

$$f = \frac{0.25}{\left[log\left(\frac{\epsilon/D}{3.7} + \frac{5.74}{Re^{0.9}}\right)\right]} \qquad ecn. 9.5$$

La condición de la superficie de la tubería depende sobre todo del material de que esta hecho el tubo y el método de fabricación. Debido a que la rugosidad es algo irregular, con el fin de obtener su valor global tomaremos valores promedio.

Se ha determinado la rugosidad relativa (ε) promedio para tuberías nuevas y limpias. Es de esperarse cierta variación. Una vez que la tubería ha estado en servicio durante algún tiempo. la rugosidad cambia debido a la corrosión y la formación de depósitos en la pared.

Material	Rugosidad absoluta ε (m)
Vidrio liso	$3 X 10^{-7}$
Plástico	$3 X 10^{-7}$
Tubo extruido: cobre, latón y acero	$1.50 X 10^{-6}$
Acero, comercial o soldado	$4.60 X 10^{-5}$
Hierro galvanizado	$1.50 X 10^{-4}$
Hierro dúctil, recubierto	$1.20 X 10^{-4}$
Hierro dúctil, no recubierto	$2.40 X 10^{-4}$
Fierro fundido	$2.50 X 10^{-4}$
Acero remachado	$1.80 X 10^{-3}$

Tabla 9.1 Valores de diseño de la rugosidad de tubos

Sin embargo, existe un rango amplio de valores que debe obtenerse de los fabricantes. El acero remachado se emplea en ciertos ductos largos e instalaciones existentes.

Uno de los métodos más utilizados para evalúa el factor de ficción emplea el diagrama de Moody que se presenta en la figura. El diagrama muestra la gráfica del factor de fricción f versus el número de Reynolds Nr. Con una serie de curvas paramétricas relacionadas con la rugosidad relativa $D/\in$

Estas curvas las genero L. F. Moody a partir de datos experimentales. Moody preparo el diagrama universal, que lleva su nombre, para determinar el coeficiente de fricción (f) en tuberías de rugosidad comercial que transportan cualquier líquido.

La precisión en el uso del diagrama universal de Moody depende de la selección de (ε), según el material de que está construido el tubo. En la tabla 9.1, se presentan los valores de ε para tubos comerciales y, en la figura 8.1 se presenta el diagrama universal de Moody, para la obtención del coeficiente de fricción f.

Problema 9.1

Por una tubería de 300 mm de diámetro y 300 m de longitud circula agua entre dos puntos, cuya diferencia de cotas es de 15 m. En el punto más alto B un manómetro señala una presión equivalente a 28 m.c.a. y en el más bajo A otro manómetro señala una presión de 3.5 bar. Calcular la dirección del flujo y la pérdida de carga. Si el caudal es de 140 lt/seg, calcular el coeficiente de fricción *f.*

Solución:

Según lo dicho por Bernoulli, en la corriente real se pierde altura total, H. en nuestro caso sin embargo, al ser el mismo diámetro de la tubería constante, la *altura de velocidad* $\frac{v^2}{2g}$ será constante también. Luego en este caso se pierde *altura piezométrica, h.* Ahora bien

$$ha = \frac{Pa}{\rho\, g} + Za = \frac{350000}{1000 * 9.81} = 35.678\, m$$

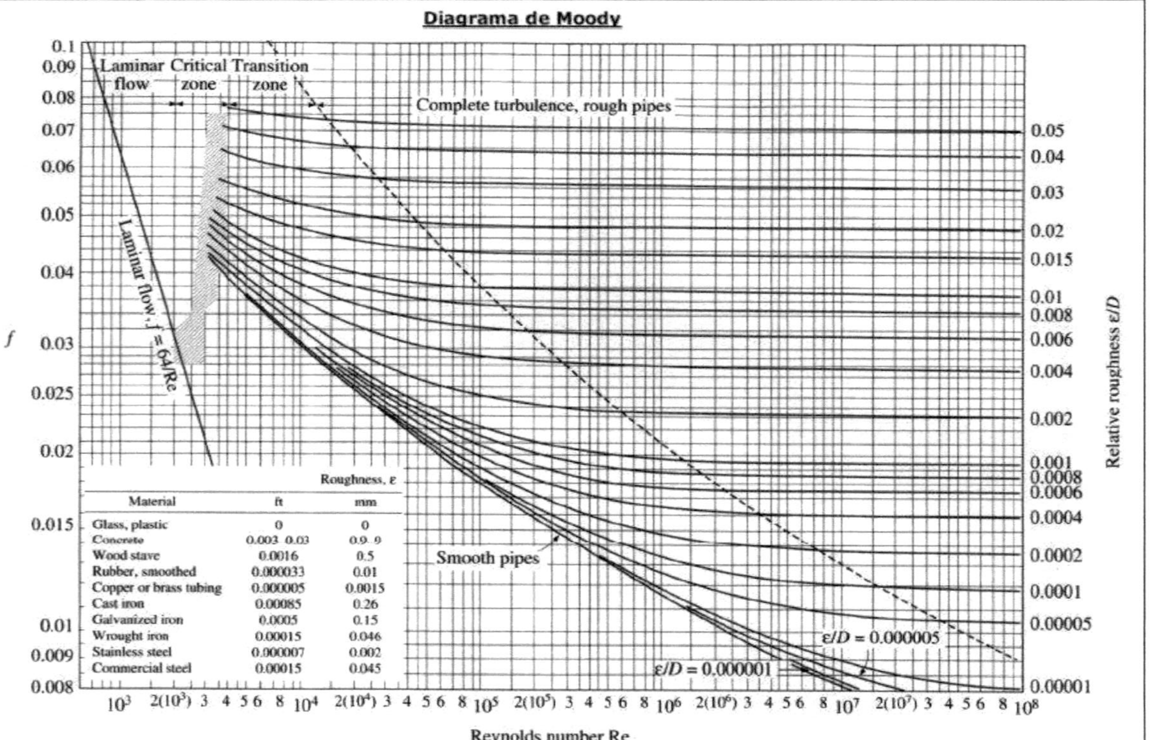

Material	Roughness, ε ft	Roughness, ε mm
Glass, plastic	0	0
Concrete	0.003–0.03	0.9–9
Wood stave	0.0016	0.5
Rubber, smoothed	0.000033	0.01
Copper or brass tubing	0.000005	0.0015
Cast iron	0.00085	0.26
Galvanized iron	0.0005	0.15
Wrought iron	0.00015	0.046
Stainless steel	0.000007	0.002
Commercial steel	0.00015	0.045

Figura 9.1 Coeficiente de fricción para cualquier tipo y tamaño de tubo; diagrama universal de Moody

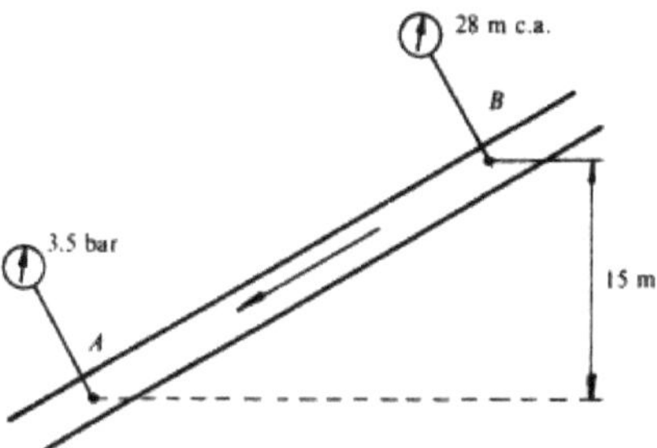

Tomando como plano de referencia el plano horizontal que pasa por el punto más bajo A, como se muestra en la figura, y que hb es igual a

$$hb = \frac{Pb}{\rho\, g} + Zb = 28 + 15 = 43\ m$$

$$hb > ha$$

luego la dirección del flujo es la marcada con la flecha en la figura (en ella la pendiente de la tubería se ha exagerado mucho).

La pérdida de carga también se calcula por la ecuación de Bernoulli para flujo real

$$hf\ (a-b) = \frac{Pb}{\rho\, g} + Zb - \frac{Pa}{\rho\, g} - Za = hb - ha = 43 - ha = 7.322\ m$$

finalmente, siendo

$$v = \frac{4Q}{\pi\, D^2} = \frac{4 * 0.140}{\pi * 0.30^2} = 1.981\ m/seg$$

$$\frac{v^2}{2g} = 0.20\ m$$

El coeficiente de fricción *f*, en virtud de la ecuación de Darcy, será:

$$f = hf\ (a-b)\frac{D}{L}\frac{1}{\frac{v^2}{2g}} = 0.0366$$

9.3 Pérdidas locales

Ahora sabemos cómo calcular las pérdidas en tuberías. Sin embargo los sistemas de tuberías incluyen: válvulas, codos, reducciones, dilataciones, entradas, salidas, flexiones u otras características que causan pérdidas adicionales, llamadas pérdidas locales.

La pérdida de presión total producida por una válvula o accesorio consiste en:

1. La pérdida de presión dentro de la válvula
2. La pérdida de presión en la tubería de entrada es mayor de la que se produce normalmente si no existe válvula en la línea. Este efecto es pequeño
3. La pérdida de presión en la tubería de salida es superior a la que se produce normalmente si n hubiera válvula en la línea. Este efecto puede ser muy grande.

Desde el punto de vista experimental es difícil medir estas tres caídas por separado.

Se acostumbra calcular estas pérdidas con una ecuación de la forma:

$$hf = K\,\frac{V^2}{2g} \qquad ecn. 9.6$$

donde:

V = velocidad media del flujo

K = Coeficiente de resistencia

En algunos casos puede haber más de una velocidad de flujo como el caso de las reducciones o ampliaciones. Es de la mayor importancia que sepamos que velocidad debemos utilizar en cada coeficiente de resistencia.

A las pérdidas de carga locales también se les denomina pérdidas menores. Esto en razón que en tubería muy largas la mayor parte de la pérdida de carga es continua. Sin embargo en tuberías muy cortas las pérdidas de carga locales pueden ser proporcionalmente muy importantes.

Analizaremos las principales pérdidas locales en flujo turbulento.

A) Entrada o embocadura

Corresponde genéricamente al caso de una tubería que sale de un estanque.

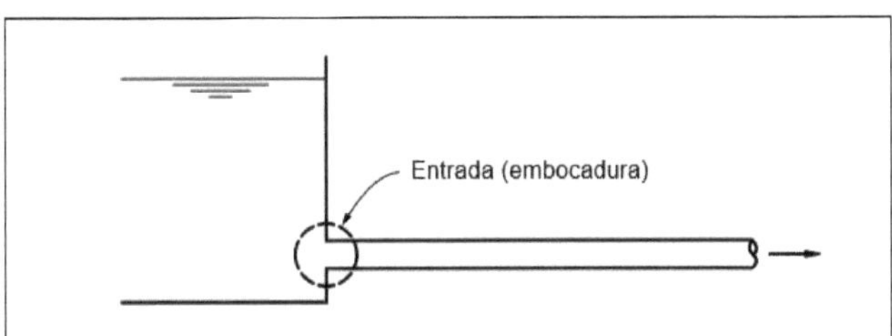

A la entrada se produce una pérdida de carga $hloc$ originada por la contracción de la vena líquida. Su valor se expresa por la ecuación general de pérdidas locales, ecuación 9.6.

Expresión en la que V es la velocidad media en la tubería, el valor de K está determinado fundamentalmente por las características geométricas de la embocadura. Las que frecuentemente son:

a) Bordes agudos

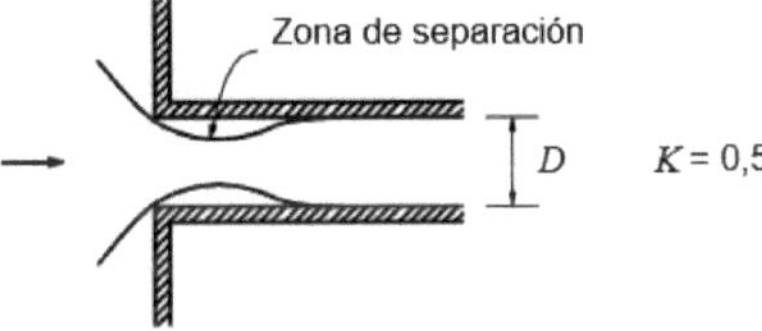

b) Bordes ligeramente redondeados (r es el radio de curvatura)

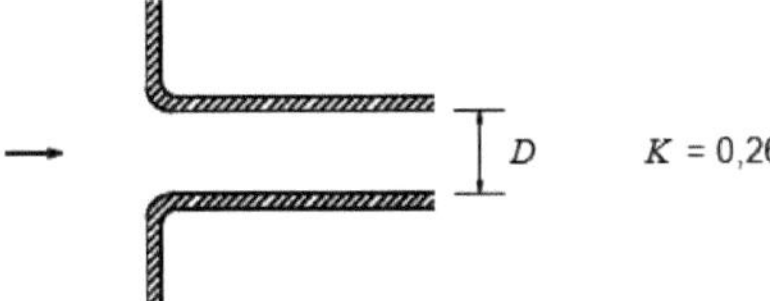

c) Bordes acampanados (perfectamente redondeados). El borde acampanado significa que el contorno tiene una curvatura suave a la que se adaptan las líneas de corriente, sin producirse separación.

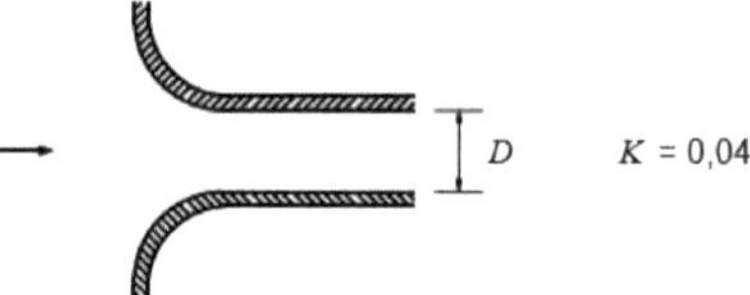

d) Bordes entrantes (tipo Borda)

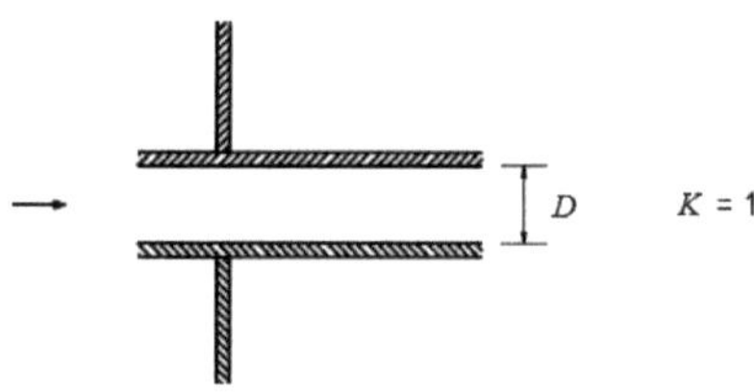

B) Ensanchamiento brusco

En ciertas conducciones es necesario cambiar la sección de la tubería y pasar a un diámetro mayor. Este ensanchamiento puede ser brusco o gradual.

a) Ensanchamiento brusco

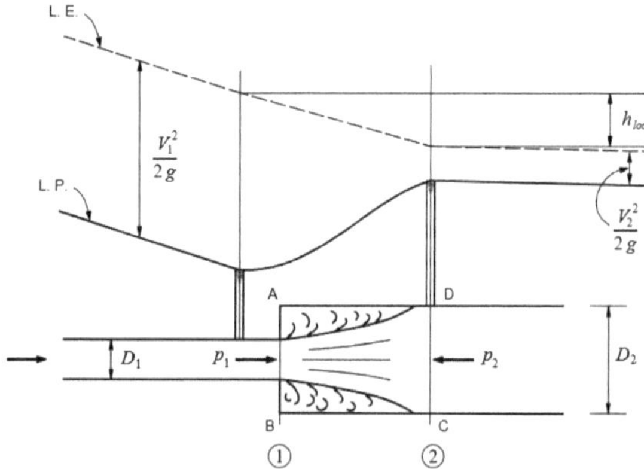

La pérdida de carga en el ensanchamiento brusco se calcula analíticamente a partir de la ecuación de la cantidad en movimiento. Entre las secciones 1 y 2 la ecuación de la energía es:

$$\frac{V1^2}{2g} + \frac{P1}{\gamma} = \frac{V2^2}{2g} + \frac{P2}{\gamma} + hloc \qquad ecn. 9.7$$

Donde se ha considerado que el coeficiente de Coriolis es igual a 1

Para el volumen ABCD comprendido entre las secciones 1 y 2, debe cumplirse que la resultante de las fuerzas exteriores es igual al cambio de movimiento.

$$(P1 - P2)A2 = \rho\, Q\, (V2 - V1)$$

Considerando que el coeficiente de Boussinesq es igual a 1.
Dividiendo esta última expresión por γ A2 se obtiene

$$\frac{P1 - P2}{\gamma} = \frac{V2^2}{g} - \frac{V1\, V2}{g}$$

Haciendo algunas transformaciones algebraicas se llega a

$$\frac{P1 - P2}{\gamma} = \frac{V2^2}{2g} + \frac{V2^2}{2g} - \frac{2\, V1\, V2}{2g} + \frac{V1^2}{2g} - \frac{V1^2}{2g}$$

agrupando se obtiene

$$\frac{V1^2}{2g} + \frac{P1}{\gamma} = \frac{V2^2}{2g} + \frac{P2}{\gamma} + \frac{(V1 - V2)^2}{2g}$$

Comparando esta expresión con la ecuación de la energía (ecuación 9.7) se concluye que la pérdida de carga en el ensanchamiento brusco es:

$$hloc = \frac{(V1 - V2)^2}{2g} \qquad ecn. 9.8$$

C) Contracción del conducto

La contracción puede ser también brusca o gradual. En general la contracción brusca produce una pérdida de carga menor que el ensanchamiento brusco.

La contracción brusca significa que la corriente sufre en primer lugar una aceleración (de 0 a 1) como se muestra en la figura, hasta llegar a una zona de máxima contracción que ocurre en la tubería de menor diámetro. Se produce frecuentemente una zona de separación. Luego inicia la desaceleración (de 1 a 2) hasta que se restablece el movimiento uniforme.

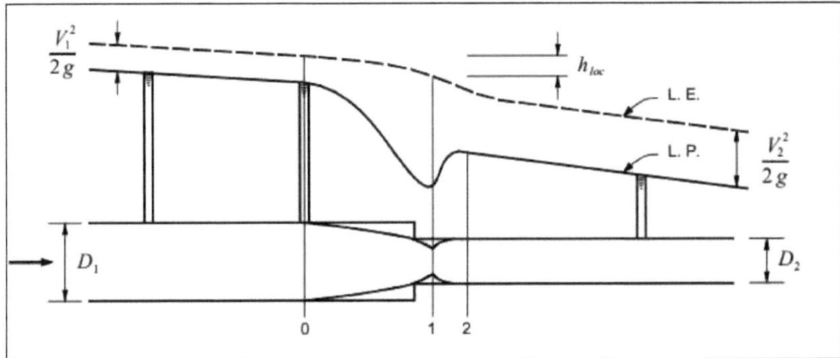

Figura 9.2 Contracción brusca

Una contracción significa la transformación de energía de presión en energía de velocidad. La mayor parte de la pérdida de carga se produce entre 1 y 2 (desaceleración). La energía perdida entre 0 y 1 es proporcionalmente muy pequeña. La pérdida de energía entre 1 y 2 se calcula con la expresión:

$$hloc = \left(1 - \frac{A1}{A2}\right)^2 \frac{V1^2}{2g} = \left(\frac{A2}{A1} - 1\right) \frac{V2^2}{2g} \qquad ecn. 9.9$$

en la que A1 es el área de la sección transversal en la zona de máxima contracción y A2 es el área de la tubería menor (aguas abajo). V2 es la velocidad media en la tubería de menor diámetro (aguas abajo). La ecuación 9.9 puede adoptar la forma siguiente:

$$hloc = \left(\frac{A2}{Cc\,A2}\ 1\right)^2 \frac{V2^2}{2g} = \left(\frac{1}{Cc} - 1\right)^2 \frac{V2^2}{2g} \qquad ecn. 9.10$$

siendo Cc el coeficiente de contracción cuyos valores han sido determinados experimentalmente por Weisbach (Tabla 9.2)

$\left[\frac{D2}{D1}\right]^2$	0	0.1	0.20	0.30	0.40	0.50	0.60	0.70	0.80	0.90	1
Cc	0.586	0.624	0.632	0.643	0.659	0.681	0.712	0.755	0.813	0.892	1

Tabla 9.2 Coeficientes de Weisbach para contracciones bruscas

D) Cambio de dirección

Un cambio de dirección significa una alteración en la distribución de velocidades. Se producen zona de separación del escurrimiento y de sobrepresión en el lado exterior. El caso más importante es el codo de 90°. La pérdida de carga es:

$$h_{loc} = 0{,}9\frac{V^2}{2g}$$

Para el codo a 45° la pérdida de carga es

$$h_{loc} = 0{,}42\frac{V^2}{2g}$$

Para el codo de curvatura fuerte la pérdida de carga es

$$h_{loc} = 0{,}75\frac{V^2}{2g}$$

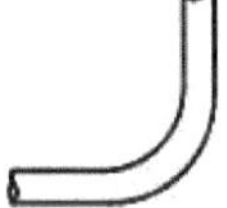

Para el codo de curvatura suave la pérdida de carga es

$$h_{loc} = 0{,}6\frac{V^2}{2g}$$

E) Válvulas y Boquillas

Una válvula produce una pérdida de carga que depende del tipo de válvula y del grado de abertura. Los principales valores de K son

- Válvula globo (completamente abierta) 10
- Válvula de compuerta (completamente abierta) 0.19
- Válvula check (completamente abierta) 2.50

Los valores aquí señalados son meramente referenciales pues varían mucho con el diámetro de la tubería y el grado de abertura. En una boquilla la pérdida de carga es

$$hloc = \left(\frac{1}{Cv^2} - 1\right)\frac{Vs^2}{2g}$$

Cv: es el coeficiente de velocidad y Vs es la velocidad de salida

$hloc$: es la pérdida de carga en la boquilla

ENTRADA $K\frac{V_2^2}{2g}$ (V : velocidad media de la tubería)		
	Bordes Agudos	$K = 0{,}5$
	Bordes ligeramente redondeados	$K = 0{,}26$
	Bordes Acampanados	$K = 0{,}04$
	Bordes Entrantes	$K = 1$
ENSANCHAMIENTO $K\frac{(V_1 - V_2)^2}{2g} = K\left(\frac{A_2}{A_1} - 1\right)^2 \frac{V_2^2}{2g}$ (V_1 : velocidad aguas arriba; V_2 : velocidad aguas abajo)		
	Brusco	$K = 1$
	Gradual	Gráfico de Gibson
CONTRACCION $\left(\frac{1}{c_c} - 1\right)^2 \frac{V_2^2}{2g} = K\frac{V_2^2}{2g}$ (V_2 : Velocidad aguas abajo)		
	Brusca	Tabla de Weisbach
	Gradual	$K = 0$
CAMBIO DE DIRECCION $K\frac{V^2}{2g}$ (V : velocidad media)		
	Codo de 90°	$K = 0{,}90$
	Codo de 45°	$K = 0{,}42$
	Codo de curv. fuerte	$K = 0{,}75$
	Codo de curv. suave	$K = 0{,}60$
VALVULAS (V : velocidad media)		
	Válvulas de globo (totalmente abierta)	$K = 10{,}0$
	Válvula de compuerta (totalmente abierta)	$K = 0{,}19$
	Válvula check (totalmente abierta)	$K = 2{,}5$

Tabla 9.3 Tabla de pérdidas locales

9.3 Análisis de Sistemas de tuberías en serie

Los sistemas de tuberías en serie se caracterizan porque las tuberías después de un punto nunca se vuelven a unir y su diámetro puede variar las veces que sea necesario.

Se dice que dos o más tuberías de diferente diámetro y/o rugosidad, están en serie cuando se hallan dispuestas una a continuación de la otra de modo que por ellas escurre el mismo gasto.

Características:

$$Q1 = Q2 = Q3 = \ldots = Qn \qquad ecn. 9.11$$

$$V1\,A1 = V2A2 = V3A3 = \ldots = VnAn \qquad ecn. 9.12$$

$$hf\,(A-D) = hf\,(A-B) = hf\,(B-C) = hf\,(C-D) \qquad ecn. 9.13$$

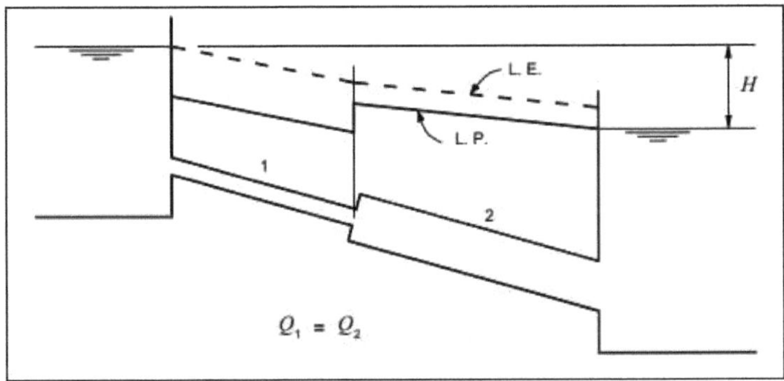

Figura 9.3 Tuberías en serie (dos tramos)

En esta figura se presenta un caso particular de tuberías en serie. Corresponde a un sistema formado por dos tramos que conecta dos estanques. La carga o energía disponible H debe ser igual a la suma de todas las pérdidas de carga que ocurren en el sistema (continuas y locales). Esta condición se expresa por la ecuación de la energía

$$hf = f1\,\frac{L1}{D1}\frac{V1^2}{2g} + f2\,\frac{L2}{D2}\frac{V2^2}{2g} + \sum hloc \qquad ecn. 9.14$$

los subíndices 1 corresponden al primer tramo, los subíndices 2 corresponden al segundo tramo. Esta ecuación podría extenderse a cualquier número de tramos.

La ecuación de la energía junto con la de continuidad, constituyen las dos ecuaciones fundamentales para resolver un sistema de tuberías en serie.

$$Q1 = Q2 = Q$$

Para la resolución del sistema mostrado en la figura se presentan dos casos. El primero es el más simple, tiene por incógnita la energía H. son datos básicos los diámetros, longitudes, rugosidades y el gasto. La solución del sistema es inmediata.

El segundo caso es más laborioso. La incógnita es el gasto. Los datos son la energía disponible H, los diámetros, longitudes y rugosidades.

Otro método es el siguiente. Por medio de la ecuación de continuidad se expresa la ecuación de la energía en función de una de las dos velocidades ($V1 \text{ ó } V2$) conviene luego iniciar los cálculos haciendo la siguiente suposición

$$f1 = f2 = f$$

Se debe entonces suponer un valor para f. Esto puede hacerse, aproximadamente, teniendo en cuenta la tabla 9.1 y/o las rugosidades relativas y luego obteniendo un valor para f por observación del Diagrama de Moody, Figura 9.1 (se puede suponer inicialmente que la turbulencia está plenamente desarrollada).

Con el valor supuesto para f se calcula las velocidades y luego los números de Reynolds para cada tramo, y se determina con las rugosidades los valores $f1$ y $f2$.

Con estos valores obtenidos para el coeficiente de Darcy, se rehace el cálculo hallándose nuevos valores para $V1, V2, Re, f1 \; y \; f2$.

Si estos valores obtenidos para f son iguales a los dos últimos, esto significa que se ha determinado los verdaderos valores de f y de las velocidades. Se puede entonces calcular el gasto y cada una de las pérdidas de carga. Siempre se debe verificar la ecuación de la energía.

Puede darse también el caso de un sistema en serie que descarga a la atmosfera.

Problema 9.2

Dos estanques están conectados por una tubería que tiene 6" de diámetro en los primeros 6m y 9" en los 15m restantes (como se muestra en la figura 9.3). La embocadura es con bordes agudos y el cambio de sección es brusco. La diferencia de nivel entre las superficies libres de ambos estanques es de 6m. la tubería es de fierro fundido, nuevo. La temperatura del agua es de 20 °C. Calcular el gasto. Calcular cada una de las pérdidas de carga.

Solución:

La ecuación de la energía es

$$6 = 0.50\,\frac{V1^2}{2g} + f1\,\frac{L1}{D1}\frac{V1^2}{2g} + \frac{(V1 - V2)^2}{2g} + f2\,\frac{L2}{D2}\frac{V2^2}{2g} + \frac{V2^2}{2g}$$

De la ecuación de continuidad se obtiene $V1 = 2.25\,V2$

Reemplazando los valores conocidos,

$$6 = (5.09 + 199.21\,f1 + 65.62\,f2)\frac{V2^2}{2g}$$

Por tratarse de una tubería de fierro fundido, que conduce agua podríamos suponer inicialmente $f1 = f2 = 0.020$. Se puede tener una idea aproximada de este valor calculando las rugosidades relativas y observando el valor de f para turbulencia plenamente desarrollada. El objetivo de esta suposición es obtener el orden de magnitud del valor V_2. Reemplazando se obtiene,

$$V2 = 3.36\,m/seg$$

Lo que significa

$$V1 = 7.56\,m/seg$$

Considerando que para 20 °C, la viscosidad cinemática es 10^{-6} m²/seg.

Los números de Reynolds son,

$$Re1 = 1.15 * 10^6 Re2 = 7.70 * 10^5$$

Y las rugosidades relativas,

$$\frac{f}{D1} = 0.0016 \frac{f}{D2} = 0.0011$$

Para la rugosidad absoluta se ha tomado el valor de 0.00025 m, que es el valor de la rugosidad absoluta del $fofo$, tomado de la tabla 9.1. y del diagrama de Moody (figura 9.1) se obtiene el valor de f.

$$f1 = 0.022 \qquad f2 = 0.0205$$

Estos valores difieren ligeramente del que habíamos supuesto (0.020). Usando estos valores calculamos un nuevo valor para las velocidades en (2).

$$V1 = 7.42\ m/seg \qquad V2 = 3.3\ m/seg$$

Luego se calculan los números de Reynolds y los valores de f. Se obtienen valores iguales a los supuestos. Por lo tanto,

$$Q = A1\ V1 = 133\ lt/seg$$

Verificación de la ecuación de la energía

$$hloc = 0.50\ \frac{V1^2}{2g} = 1.40\ m$$

$$hf1 = f1\ \frac{L1}{D1}\frac{V1^2}{2g} = 2.43\ m$$

$$hloc = \frac{(V1 - V2)^2}{2g} = 0.87\ m$$

$$hf1 = f2\ \frac{L2}{D2}\frac{V2^2}{2g} = 0.75\ m$$

$$hloc = \frac{V2^2}{2g} = 0.56\,m$$

Con lo que queda verificada la ecuación 9.14. Obsérvese que en este caso las tuberías son relativamente cortas. La importancia de las pérdidas de carga locales es grande, pues constituye el 47 % de la energía total.

Bibliografía

- Hidráulica General, Fundamentos Vol. 1, Gilberto Sotelo Ávila, Ed. LIMUSA,
ISBN-13: 978-968-18-0503-6

- Mecánica de fluidos y máquinas hidráulicas, Claudio Mataix, Ed. Alfaomega,
ISBN: 978-970-15-1057-5

- Hidráulica de tuberías, Abastecimiento de agua, redes y riegos, Ed. Alfaomega,
ISBN: 978-958-682-680-8

Printed by Books on Demand GmbH, Norderstedt / Germany